水利水电建筑工程高水平专业群工作手册式系列教材

混凝土结构设计实训

主　编　张　迪　郭旭东
主　审　王建伟

中国水利水电出版社
www.waterpub.com.cn
·北京·

内容提要

本书是高等职业教育“双高校”建设规划教材，是教育部高等学校高职高专水利水电建筑工程专业教学指导委员会推荐教材。本书依据《水工混凝土结构设计规范》（SL 191—2008）编写而成。全书包括外伸梁结构设计、三跨连续T形梁结构设计和渡槽结构设计三个实训项目，每个项目内容包括基本资料、设计案例、引导问题、设计计算过程、绘制结构施工图和考核评价。

本书可作为高职、高专和职业大学水利水电类专业的实训教材，亦可作为水利水电工程技术人员的参考用书。

图书在版编目（CIP）数据

混凝土结构设计实训 / 张迪，郭旭东主编. -- 北京：中国水利水电出版社，2022.6
水利水电建筑工程高水平专业群工作手册式系列教材
ISBN 978-7-5226-0735-1

Ⅰ. ①混… Ⅱ. ①张… ②郭… Ⅲ. ①混凝土结构—结构设计—高等职业教育—教材 Ⅳ. ①TU370.4

中国版本图书馆CIP数据核字(2022)第089280号

书　名	水利水电建筑工程高水平专业群工作手册式系列教材 **混凝土结构设计实训** HUNNINGTU JIEGOU SHEJI SHIXUN
作　者	主编　张　迪　郭旭东 主审　王建伟
出版发行	中国水利水电出版社 （北京市海淀区玉渊潭南路1号D座　100038） 网址：www.waterpub.com.cn E-mail：sales@mwr.gov.cn 电话：(010) 68545888（营销中心）
经　售	北京科水图书销售有限公司 电话：(010) 68545874、63202643 全国各地新华书店和相关出版物销售网点
排　版	中国水利水电出版社微机排版中心
印　刷	北京市密东印刷有限公司
规　格	184mm×260mm　16开本　3.5印张　85千字
版　次	2022年6月第1版　2022年6月第1次印刷
印　数	0001—1500册
定　价	**15.00**元

前 言

本教材贯彻《国家职业教育改革实施方案》（国发〔2019〕4号）精神中，关于教材改革提出的教学内容和教材形式改革的两大任务，即“每3年修订1次教材，其中专业教材随信息技术发展和产业升级情况及时动态更新”“倡导使用新型活页式、工作手册式教材并配套开发信息化资源”。本教材是在教育部高等学校高职高专水利水电工程专业教学指导委员会指导下编写而成的工作手册式实训教材。

本教材以培养学生结构设计能力为核心，以不同难度的结构构件设计案例为载体，根据不同学生的基础，从外伸梁设计、三跨连续T形梁设计及渡槽结构设计中选择性地开展实训教学。教材选题具有鲜明的高职特色，重点突出对水工混凝土结构构件设计实训技能的训练与掌握。

本教材依据最新《水工混凝土结构设计规范》（SL 191—2008）等行业规范编写而成，可与王建伟、郭旭东主编的《水工钢筋混凝土结构》教材配套使用。

本教材由黄河水利职业技术学院组织编写，由张迪、郭旭东担任主编，王建伟教授担任主审。其中，郭旭东编写项目一、项目二，张迪编写项目三。

由于编写时间仓促，编写经验不足，内容编排难免有不妥之处，恳请读者批评指正。

编者

2020年12月

目　录

工作须知

1. 课程性质

《混凝土结构设计》是一门实践课程，时间为1周。该课程是水利水电建筑工程专业群的一门专业共享实训模块课程，引入了最新的《水工混凝土结构设计规范》（SL 191—2008）、《水工建筑物荷载设计规范》（SL 744—2016）等水利行业规范。

2. 课程目标

掌握钢筋混凝土结构构件的设计方法与步骤，学会绘制与识读结构施工图。

3. 工作任务

（1）拟定梁的截面尺寸，并进行荷载计算。

（2）计算梁的内力，并绘出弯矩图和剪力图。

（3）根据正截面受弯承载力要求，确定纵向受力钢筋数量。

（4）根据斜截面受剪承载力要求，确定腹筋数量。

（5）绘制梁的结构施工图（包括配筋图、钢筋表、说明等）。

4. 组织形式

学生实训时分组进行，每组学生10人左右，每组学生采用相同的数据。

5. 进程安排

实训进程安排见表0-1。

表0-1　　实训进程安排

节/周次	星期一	星期二	星期三	星期四	星期五
1～2节	教师讲解	内力计算	配筋计算	绘制结构施工图	绘制结构施工图
3～4节	教师讲解	内力计算	配筋计算	绘制结构施工图	绘制结构施工图
5～6节	荷载计算		绘制结构施工图	绘制结构施工图	面试

6. 成果要求

（1）对设计说明书的要求：计算内容完整，计算结果准确，钢筋选配合理，书写工整美观。

（2）对结构施工图的要求：布局合理，制图规范，内容正确，标注完整，图面整洁等。

7. 考核标准

考核标准见表0-2。

表0-2　考核标准

等级	设计说明书	结构施工图	出勤及表现
优秀	计算内容完整，计算结果准确，钢筋选配合理，书写工整美观，有创新思想等	布局合理，制图规范，内容正确，标注完整，图面整洁等	无迟到、早退、旷课现象；勤学善问，有很好的团队精神
良好	计算内容完整，计算结果准确，钢筋选配较合理，书写较工整等	布局合理，制图规范，内容正确，标注较完整，图面较整洁等	偶尔迟到，无早退、旷课现象；勤学好问，有较好的团队精神
中等	计算内容较完整，计算结果较准确，钢筋选配较合理，书写较工整等	布局较合理，制图较规范，内容较正确，标注较完整，图面较整洁等	偶尔迟到、早退，无旷课现象；在别人帮助下能完成实训任务
及格	计算内容基本完整，计算结果基本正确，钢筋选配基本合理，书写基本工整等	布局基本合理，制图基本规范，内容基本正确，标注基本完整，图面基本整洁等	经常迟到、早退，无旷课现象；在别人帮助下基本能完成实训任务
不及格	计算内容不完整，计算结果有较大错误，钢筋选配不够合理，书写不工整等	布局不合理，制图不够规范，内容有较大错误，标注有遗漏，图面不整洁等	经常迟到、早退、旷课；基本上不能完成实训任务

8. 参考资源

（1）参考规范。

1）SL 191—2008 水工混凝土结构设计规范 [S].

2）GB 50010—2010 混凝土结构设计规范 [S].

3）SL 744—2016 水工建筑物荷载设计规范 [S].

4）SL 252—2017 水利水电工程等级划分及洪水标准 [S].

5）GB 50199—2013 水利水电工程结构可靠度设计统一标准 [S].

6）GB/T 1499.2—2018 钢筋混凝土用钢 第2部分 热轧带肋钢筋 [S].

7）GB/T 1499.1—2017 钢筋混凝土用钢 第1部分：热轧光圆钢筋 [S].

（2）参考教材。

1）河海大学四院校合编．水工钢筋混凝土结构学 [M]. 5版. 北京：中国水利水电出版社，2016.

2）王建伟，郭旭东. 水工钢筋混凝土结构 [M]. 3版. 郑州：黄河水利出版社，2021.

3）王建伟，张迪．建筑结构［M］．郑州：黄河水利出版社，2020.

（3）参考网络资源。

中国大学MOOC，水工混凝土结构，https：//www.icourse163.org/learn/YRCTI-1002127012？tid＝1459937441＃/learn/announce.

工作项目一　外伸梁结构设计

钢筋混凝土外伸梁钢筋骨架如图1－1所示。

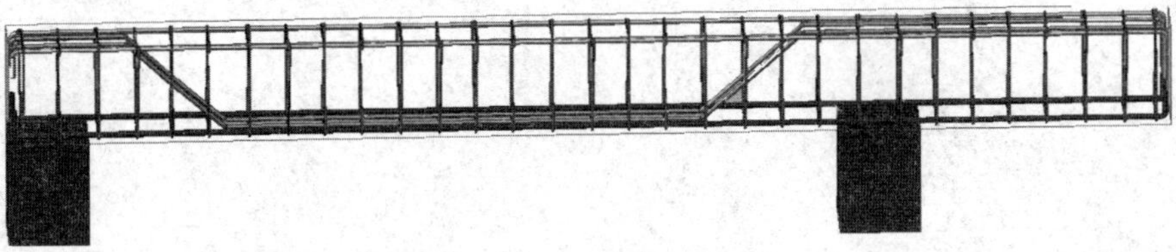

图1－1　钢筋混凝土外伸梁钢筋骨架

一、基本资料

某支承在砖墙上的钢筋混凝土矩形截面外伸梁，其跨度 $l_1=7.0$m，外伸臂长度 $l_2=1.62$m，如图1－2所示。该梁处于一类环境条件，水工建筑物级别为2级，在正常使用期间承受永久荷载标准值 $g_{1k}=23$kN/m、$g_{2k}=25$kN/m（均包括自重），可变均布荷载标准值 $q_{1k}=20$（22、24、26…）kN/m、$q_{2k}=60$（65、70、75…）kN/m，采用C25混凝土，纵向钢筋为HRB400级，箍筋为HPB300级。试设计此梁。

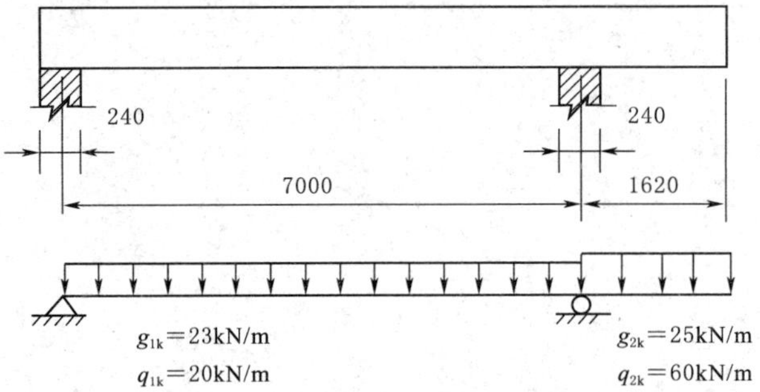

图1－2　外伸梁的计算简图（单位：mm）

二、设计案例

某水电站副厂房砖墙上支承一受均布荷载作用的外伸梁，该梁处于一类环境条件。其跨长、截面尺寸如图1－3所示。安全级别为2级，在正常使用期间承受永久荷载标准值。

在正常使用期间承受永久荷载标准值 $g_{1k}=12kN/m$、$g_{2k}=46kN/m$（均包括自重），可变均布荷载标准值 $q_{1k}=36kN/m$、$q_{2k}=51kN/m$，采用 C25 混凝土，纵向钢筋为 HRB400 级，箍筋为 HPB300 级。试设计此梁并绘制结构施工图。

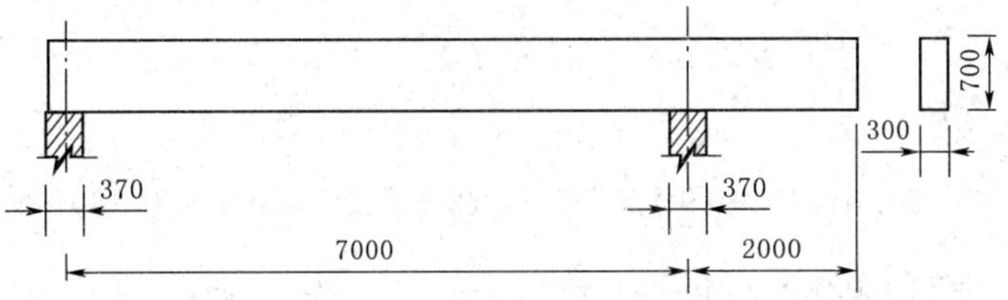

图 1-3　外伸梁的结构尺寸图（单位：mm）

（一）基本参数

材料强度：C25 混凝土，$f_c=11.9N/mm^2$，$f_t=1.27N/mm^2$

纵筋 HRB400 级，$f_y=360N/mm^2$

箍筋 HPB300 级，$f_{yv}=270N/mm^2$

截面尺寸：$b=300mm$，$h=700mm$

计算参数：$K=1.20$，$c=30mm$

（二）内力计算

1. 计算跨度

简支段 $l_{01}=7m$，悬臂段 $l_{02}=2m$。

2. 支座反力 R_A、R_B

$$R_B=\frac{\frac{1}{2}(1.05g_{1k}+1.20q_{1k})l_{01}^2+(1.05g_{2k}+1.20q_{2k})l_{02}\left(l_{01}+\frac{l_{02}}{2}\right)}{l_{01}}$$

$$=\frac{\frac{1}{2}\times(1.05\times12+1.20\times36)\times7^2+(1.05\times46+1.20\times51)\times2\times\left(7+\frac{2}{2}\right)}{7}$$

$$=445.59kN$$

$$R_A=(1.05g_{1k}+1.20q_{1k})l_{01}+(1.05g_{2k}+1.20q_{2k})l_{02}-R_B$$

$$=(1.05\times12+1.20\times36)\times7+(1.05\times46+1.20\times51)\times2-445.59$$

$$=164.01\ kN$$

3. 剪力、弯矩值计算

支座边缘截面的剪力值：

$$V_A=R_A-(1.05\times12+1.20\times36)\times\frac{0.37}{2}$$

$$=164.01-(1.05\times12+1.20\times36)\times\frac{0.37}{2}$$

$$=153.69kN$$

$$V_B^r=(1.05\times46+1.20\times51)\times\left(2-\frac{0.37}{2}\right)=198.74kN$$

$$V_B^l = R_A - (1.05\times12+1.20\times36)\times\left(7-\frac{0.37}{2}\right)$$
$$=164.01-(1.05\times12+1.20\times36)\times\left(7-\frac{0.37}{2}\right)$$
$$=-216.27\text{kN}$$

AB 跨的最大弯矩：

$$M_{max} = 164.01\times2.939-(1.05\times12+1.20\times36)\times2.939\times\frac{2.939}{2}$$
$$=241.03\text{kN}\cdot\text{m}$$

B 支座截面弯矩：

$$M_B=-(1.05\times46+1.20\times51)\times2\times\frac{2}{2}=-219\text{kN}\cdot\text{m}$$

外伸梁的弯矩图和剪力图如图 1-4 所示。

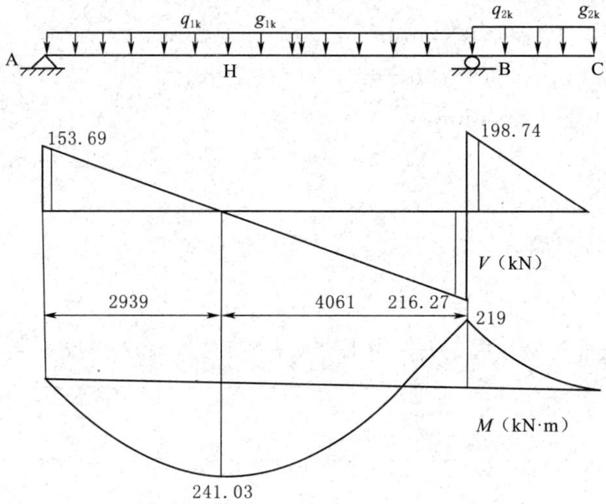

图 1-4　外伸梁的计算简图与内力图（单位：mm）

（三）计算纵向钢筋

1. 跨中 H 截面

取 $a_s=45\text{mm}$，则 $h_0=h-a_s=700-45=655\text{mm}$

$$\alpha_s=\frac{KM}{f_c b h_0^2}=\frac{1.2\times241.03}{11.9\times300\times655^2}=0.189$$
$$\xi=1-\sqrt{1-2\alpha_s}=1-\sqrt{1-2\times0.189}=0.211$$
$$A_s=f_c b\xi h_0/f_y=11.9\times300\times0.211\times655/360=1370\text{mm}^2$$
$$\rho=1370/(300\times655)=0.697\%>\rho_{min}=0.2\%$$

故选受拉纵筋为 4 Φ 22（$A_s=1520\text{mm}^2$），需要最小梁宽 $b_{min}=2c+4d+3e=2\times30+4\times22+2\times25=198\text{mm}<300\text{mm}$，符合构造要求。

2. 支座 B 截面

取 $a_s=45\text{mm}$，则 $h_0=h-a_s=700-45=655\text{mm}$

$$\alpha_s=\frac{KM}{f_c bh_0^2}=\frac{1.2\times 219}{11.9\times 300\times 655^2}=0.172$$

$$\xi=1-\sqrt{1-2\alpha_s}=1-\sqrt{1-2\times 0.172}=0.19$$

$$A_s=f_c b\xi h_0/f_y=11.9\times 300\times 0.19\times 655/360=1234\text{mm}^2$$

$$\rho=1234/(300\times 655)=0.628\%>\rho_{min}=0.2\%$$

故选受拉纵筋为 2 Φ 22＋2 Φ 20（$A_s=1388\text{mm}^2$），需要最小梁宽 $b_{min}=2c+4d+3e=2\times 30+2\times 22+2\times 20+2\times 25=194\text{mm}<300\text{mm}$，符合构造要求。

（四）计算抗剪钢筋

1. 验算是否按计算配置腹筋

$$0.7f_t bh_0=0.7\times 1.27\times 300\times 655=174.688\times 10^3\text{N}=174.688\text{kN}<KV_{min}=1.20\times 153.69=184.43\text{kN}$$

故必须由计算确定抗剪腹筋。

2. 受剪箍筋计算

按构造规定在全梁配置双肢箍筋Φ 6@150，则 $A_{sv}=57\text{mm}^2$，$s<s_{max}=250\text{mm}$

$$\rho_{sv}=A_{sv}/(bs)=57/(300\times 150)=0.127\%>\rho_{svmin}=0.12\%$$

满足最小配箍率的要求。

$$V_{cs}=0.7f_t bh_0+1.25f_{yv}A_{sv}h_0/s=0.7\times 1.27\times 300\times 655+1.25\times 270\times 57\times 655/150=258.69\text{kN}$$

3. 弯起钢筋的设置

（1）支座 B 左侧。

$$KV_B^l=1.20\times 216.27=259.52\text{kN}>V_{cs}=258.69\text{kN}$$

需加配弯起钢筋帮助抗剪。取 $\alpha=45°$，计算第一排弯起钢筋：

$$A_{sb1}=(KV_B^l-V_{cs})/(f_y\sin 45°)=(1.20\times 216.27-258.69)\times 10^3/(360\times 0.707)=3\text{mm}^2$$

由支座承担负弯矩的纵筋弯下 2 Φ 22（$A_{sb1}=760\text{mm}^2$）。

第一排弯起钢筋的上弯点安排在离支座边缘 250mm，即 $s_1=s_{max}=250\text{mm}$。

第一排弯起钢筋的下弯点离支座边缘的距离为：250＋(700－2×30)＝890mm

该处 $KV_2=1.20\times[216.27-(1.05\times 12+1.20\times 36)\times 0.89]=199.93\text{kN}<V_{cs}=258.69\text{kN}$

故不需弯起第二排钢筋抗剪。

（2）支座 B 右侧。

$$KV_B^r=1.20\times 198.74=238.49\text{kN}<V_{cs}=258.69\text{kN}$$

故不需按计算配置弯起钢筋。

但为了加强梁的受剪承载力，仍由支座弯起 2Φ22 至梁底。

第一排弯起钢筋的上弯点安排在离支座边缘 250mm，$s=250\text{mm}=s_{max}=250\text{mm}$。

则第一排弯起钢筋的下弯点离支座边缘的距离为：250＋(700－2×30)＝890mm。

(3) 支座 A。

$$KV_A=1.20\times153.69=184.43\text{kN}<V_{cs}=258.69\text{kN}$$

但为了加强梁的受剪承载力，仍由跨中弯起 2Φ22 至梁顶再伸入支座。

第一排弯起钢筋的上弯点安排在离支座边缘 100mm，$s=100\text{mm}<s_{max}=250\text{mm}$。

则第一排弯起钢筋的下弯点离支座边缘的距离为：100＋(700－2×30)＝740mm。

(五) 绘制结构施工图

梁的结构施工图如图 1-5 所示。

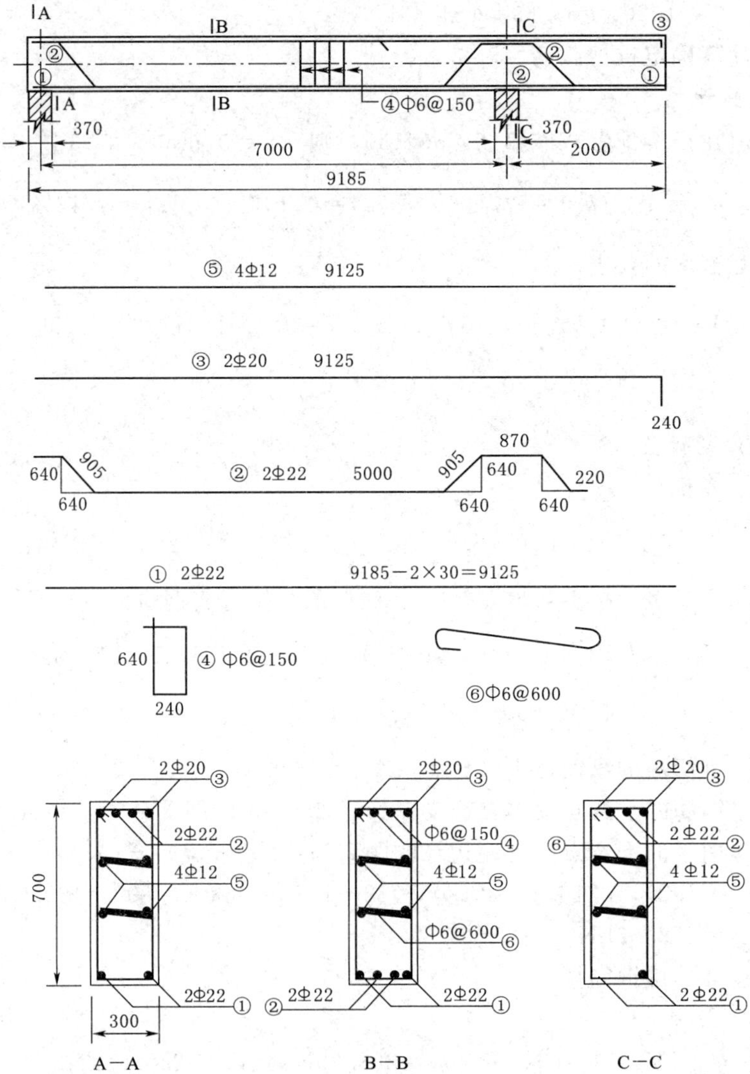

图 1-5　外伸梁的配筋图

外伸梁钢筋表见表 1－1。

表 1－1　　　　　　　　钢　筋　表

编号	形状	直径/mm	长度/mm	根数	总长/m	每米质量/(kg/m)	质量/kg
①	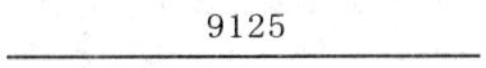	22	9125	2	18.25	2.98	54.385
②	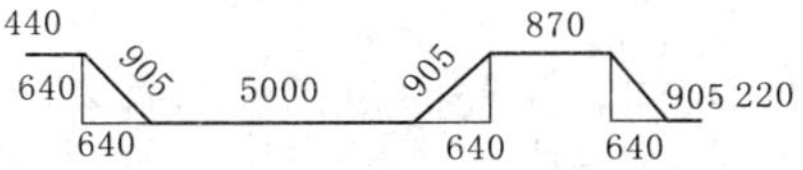	22	9245	2	18.49	2.98	55.100
③	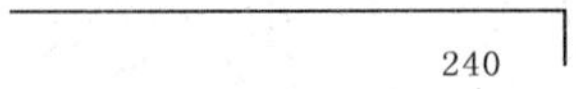	20	9365	2	18.73	2.47	46.263
④	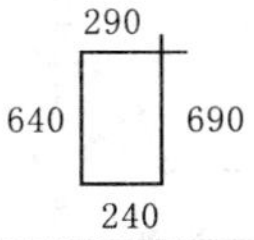	6	1860	62	115.32	0.26	29.983
⑤	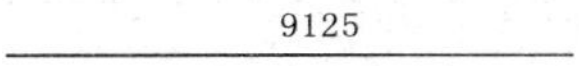	12	9125	4	36.5	0.888	32.41
⑥	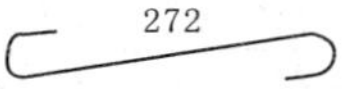	6	347	17	5.899	0.26	1.534
总质量							219.675

三、引导问题

引导问题1： 外伸梁上作用的荷载有永久荷载和可变荷载。

外伸梁上作用的永久荷载是＿＿＿＿＿＿＿＿＿＿＿＿＿＿＿＿＿＿＿＿。

外伸梁上作用的可变荷载是＿＿＿＿＿＿＿＿＿＿＿＿＿＿＿＿＿＿＿＿。

引导问题 2： 荷载形式有均布荷载和＿＿＿＿＿＿＿＿＿＿＿＿＿＿＿＿＿。

引导问题 3： 外伸梁内力计算时，会出现最大的正、负弯矩。

最大的正弯矩会出现在外伸梁的＿＿＿＿＿＿＿＿＿＿＿＿＿＿＿＿位置。

最大的负弯矩会出现在外伸梁的＿＿＿＿＿＿＿＿＿＿＿＿＿＿＿＿位置。

引导问题 4： 外伸梁计算内容包括正截面受弯承载力计算和斜截面受剪承载力计算。

正截面受弯承载力计算步骤：（1）确定截面尺寸；（2）＿＿＿＿＿＿＿＿＿＿；（3）配筋计算；（4）＿＿＿＿＿＿＿＿＿＿＿＿＿＿＿＿＿＿。

斜截面受剪承载力计算步骤（1）作梁的剪力图；（2）＿＿＿＿＿＿＿＿＿＿；（3）＿＿＿＿＿＿＿＿＿＿；（4）腹筋计算；（5）配箍率验算。

引导问题 5： 外伸梁受弯正截面承载力计算时，若计算结果出现 $\xi > 0.85\xi_b$，该如何处理？

＿＿＿＿＿＿＿＿＿＿＿＿＿＿＿＿＿＿＿＿＿＿＿＿＿＿＿＿＿＿＿＿＿＿。

引导问题 6： 外伸梁斜截面受剪承载力计算时。

若计算结果出现 $KV < V_c$，该如何配置箍筋：＿＿＿＿＿＿＿＿＿＿＿＿。

若计算结果出现 $KV \geqslant V_c$，该如何配置箍筋：________________________。

引导问题 7：腰筋的设置。

当梁的腹板高度 h_w 超过______mm 时，应在梁的两侧沿高度设置纵向构造钢筋，称为“腰筋”，并用拉筋连系固定。每侧腰筋的截面面积不应小于腹板截面面积 bh_w 的______，且间距不宜大于______mm。当梁的腹板高度 h_w 超过______mm 时，需要设置两层腰筋。

引导问题 8：拉筋的设置。

拉筋需要与腰筋同时设置，拉筋直径一般与______相同，拉筋间距常取为箍筋间距的______，一般在______mm 之间。

引导问题 9：结构施工图内容。

钢筋混凝土结构施工图内容包括：________________________。

引导问题 10：结构施工图识读。

在外伸梁结构施工图 1-5 中。

①号钢筋是________________________钢筋。

②号钢筋是________________________钢筋。

③号钢筋是________________________钢筋。

④号钢筋是________________________钢筋。

⑤号钢筋是________________________钢筋。

⑥号钢筋是________________________钢筋。

引导问题 11：钢筋长度计算。

在外伸梁结构施工图 1-5 中。

①号钢筋长度计算：________________________。

②号钢筋长度计算：________________________。

③号钢筋长度计算：________________________。

④号钢筋长度计算：________________________。

⑤号钢筋长度计算：________________________。

⑥号钢筋长度计算：________________________。

工作项目二　三跨连续 T 形梁结构设计

钢筋混凝土三跨连续 T 形梁钢筋骨架如图2-1所示。

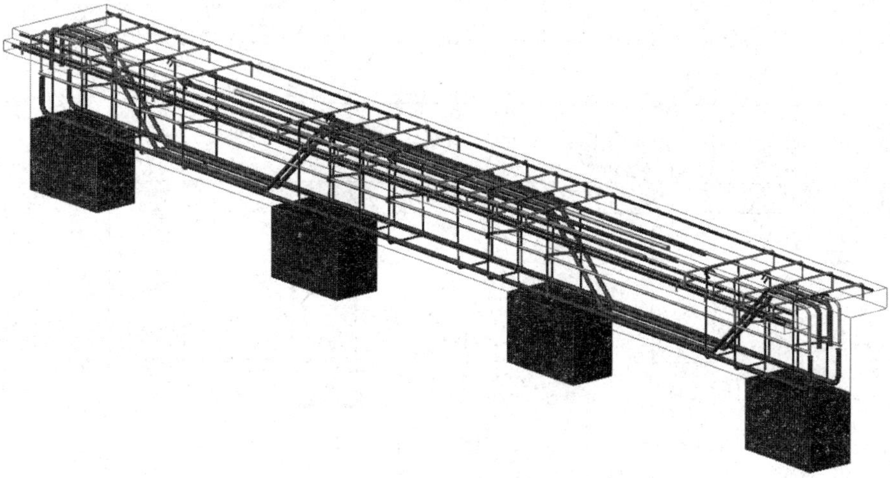

图 2-1　三跨连续 T 形梁钢筋骨架

一、基本资料

某水闸的工作桥（处于露天环境）由两根连续 T 形梁组成。每扇闸门由一台 2×160kN 绳鼓式启闭机控制启闭。图 2-2 为工作桥及启闭机位置示意图。建筑物级别为 3 级。要求设计甲梁。

T 形梁截面（图 2-3）：$b'_f=800-50=750\text{mm}$，$h'_f=120\text{mm}$，$b=250\text{mm}$，$h=700\text{mm}$。梁的净跨度 $l_n=8.0\text{m}$，支座宽度 $a=1.1\text{m}>0.05l_n=0.05\times8.0=0.40\text{m}$，计算弯矩时，梁的计算跨度 $l_0=1.05l_n=8.4\text{m}$。两根梁之间铺放长为 800mm 的预制钢筋混凝土板，两根梁的净距为 700mm。

分配给甲梁承受的荷载为

机墩及绳鼓式启闭机	$G_{1k}=12\text{kN}$
减速箱及电机重	$G_{2k}=12\text{kN}$
启门力	$Q_k=100\text{kN}$
人群荷载	$q_k=2.5\text{kN/m}$

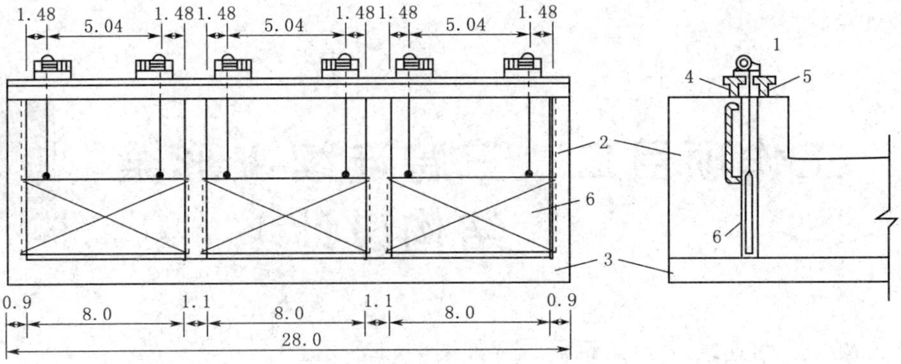

图 2-2　工作桥及启闭机位置示意图（单位：m）

1—绳鼓式启闭机；2—闸墩；3—闸底板；4—甲梁；5—乙梁；6—闸门

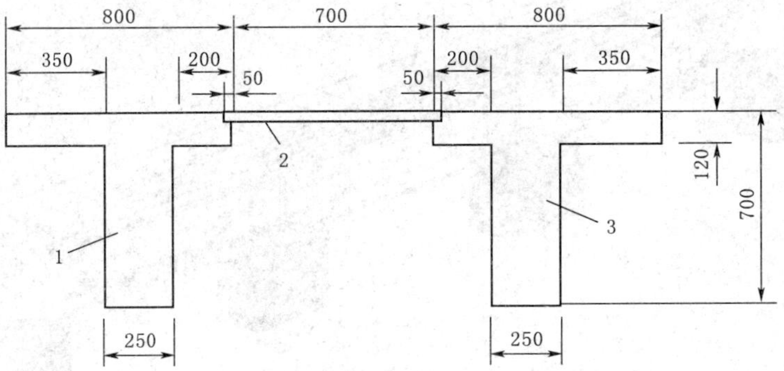

图 2-3　截面各部分尺寸（单位：mm）

1—甲梁；2—预制板（厚 50mm）；3—乙梁

混凝土强度等级采用 C25，纵向钢筋采用 HRB400 级钢筋，箍筋用 HPB300 级钢筋。建筑物级别为 3 级，承载力安全系数 $K=1.20$。

二、设计案例

某水闸的工作桥（处于露天环境）由两根连续 T 形梁组成。每扇闸门由一台 2×160kN 绳鼓式启闭机控制启闭。图 2-2 为工作桥及启闭机位置示意图。建筑物级别为 3 级。要求设计甲梁。

T 形梁截面（图 2-3）：$b'_f=800-50=750$mm，$h'_f=120$mm，$b=250$mm，$h=700$mm。梁的净跨度 $l_n=8.0$m，支座宽度 $a=1.1\text{m}>0.05l_n=0.05\times8.0=0.40$m，故计算弯矩时，梁的计算跨度 $l_0=1.05l_n=8.4$m。两根梁之间铺放长为 800mm 的预制钢筋混凝土板，两根梁的净距为 700mm。

分配给甲梁承受的荷载为

机墩及绳鼓式启闭机　　$G_{1k}=10$kN

减速箱及电机重　　$G_{2k}=10$kN

启门力　　$Q_k=80$kN

甲梁自重及预制板重

$$g_k-\left(0.8\times0.12+0.58\times0.25+\frac{0.05\times0.7}{2}\right)\times25=6.46\text{kN/m}$$

人群荷载　　　　　　　　　　$q_k=3\text{kN/m}$

混凝土强度等级采用C25，纵筋采用HRB400级钢筋，箍筋用HPB300级钢筋。建筑物级别为3级，承载力安全系数 $K=1.20$。

（一）内力计算

梁的计算简图如图2-4所示。

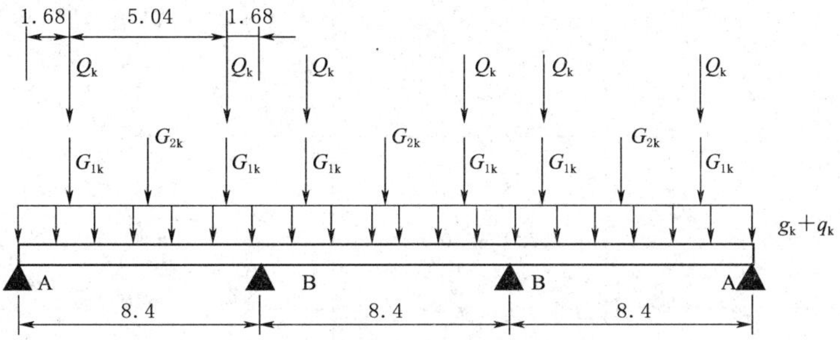

图2-4　梁的计算简图（单位：m）

1. 集中荷载作用下的内力计算

梁上作用的集中可变荷载是启门力 Q_k，Q_k 作用在梁跨度的五分点上（1.68/8.4=1/5）。集中永久荷载 G_{k1} 也作用在梁跨度的五分点上，G_{k2} 作用在梁跨度的中点。永久荷载只有一种作用方式，可变荷载则要考虑各种可能的不利作用方式。

利用移动的集中荷载作用下的等跨连续梁各截面的弯矩系数及支座截面剪力系数表可计算出在集中荷载作用下各跨十分点截面上的最大与最小弯矩值及支座截面的最大与最小剪力值。其计算公式为

$$M=1.20\alpha Q_k l_0 \text{ 或 } M=1.05\alpha G_k l_0$$

$$V=1.20\beta Q_k \text{ 或 } V=1.05\beta G_k$$

故　　　　$G_k l_0=10\times8.4=84\text{kN}\cdot\text{m}$，$Q_k l_0=80\times8.4=672\text{kN}\cdot\text{m}$

系数 α、β 可根据荷载的作用图式，由移动的集中荷载作用下的等跨连续梁各截面的弯矩系数及支座截面剪力系数表查出每一荷载作用时的系数值，然后叠加得出。

移动的集中荷载作用下的等跨连续梁各截面的弯矩系数及支座截面剪力系数表是将连续梁的每跨分为十等份。为了计算简单，只计算2、5、8、B、12、15这六个截面的内力。例如当两个边跨有启门力 Q_k 作用，中间跨没有启门力作用时，荷载计算简图如图2-5所示。要计算截面2的弯矩值，则从表中查得：Q_k 作用在位置2时，$\alpha_{2,2}=0.1498$；Q_k 作用在位置8时，$\alpha_{2,8}=0.0246$；Q_k 作用在位置22时，$\alpha_{2,22}=0.0038$；Q 作用在位置28时，$\alpha_{2,28}=0.0026$，故 $\alpha_2=0.1498+0.0246+0.0038+0.0026=0.1808$。因此，在这种荷载图式作用下，截面2的弯矩 $M=1.20\alpha_2 Q_k l_0=1.20\times0.1808\times672=145.80\text{kN}\cdot\text{m}$。

同理可算出各种集中荷载作用图式下每个截面的内力值。组合后就可得到各截面最不利内力值。在集中荷载作用下的内力计算结果见表2-1。

表 2-1　　**集中荷载作用下**

序号	荷载简图	计算截面的弯矩值/(kN·m)		
		2	5	8
1		(0.1498+0.0800 +0.0246−0.0128 −0.0150−0.0064 +0.0038 +0.0050 +0.0026)×84×1.05 =0.2316×84×1.05 = 20.43	0.0744+0.2000 +0.0616−0.0320 −0.0375−0.0160 +0.0096 +0.0125 +0.0064)×84×1.05 = 0.2790×84×1.05 = 24.61	(−0.0010+0.02 +0.0986−0.0512 −0.0600−0.0256 +0.0154+0.02 +0.0102)×84×1.05 = 0.0264×84×1.05 = 2.33
2		(0.1498+0.0246 +0.0038+0.0026) ×672×1.20=0.1808 ×672×1.20=145.80	0744+0.0616 +0.0096 +0.0064) ×672×1.20 = 0.152×672 ×1.20=122.57	(−0.001+0.0986 +0.0154+0.0102)× 672×1.20 = 0.1232×672 ×1.20= 99.35
3	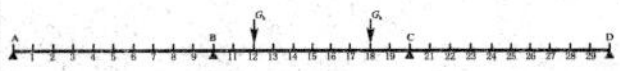	(−0.0128−0.0064) ×672×1.20 =−0.0192×672×1.20 =−15.48	(−0.032−0.016)× 672×1.20=−0.048 ×672×1.20 = −38.71	(−0.0512−0.0256) ×672×1.20 =−0.0768 ×672×1.20=−61.93
4	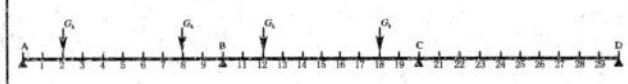	(0.1498+0.0246 −0.0128−0.0064) ×672×1.20 =0.1552 ×672×1.20= 125.15	(0.0744+0.0616 − 0.0320−0.016)× 672×1.20=0.088 ×672×1.20=70.96	(−0.001+0.0986 −0.0512−0.0256) ×672×1.20=0.0208 ×672×1.20= 16.77
5	最不利内力设计值	(1)+(2) M_{max}=166.23 (1)+(3) M_{min}= 4.95	(1)+(2) M_{max}= 147.18 (1)+(3) M_{min}=−14.10	(1)+(2) M_{max}=101.68 (1)+(3) M_{min}=−59.60

的内力计算表

计算截面的弯矩值/(kN·m)			支座剪力值/kN		
B	12	15	V_A	V_B^l	V_B^r
(−0.0512−0.1000−0.0768−0.064−0.075−0.032+0.0192+0.025+0.0128)×84×1.05=−0.342×84×1.05=−30.16	(−0.0384−0.075−0.0576+0.1024+0.025+0.0016+0+0+0)×84×1.05=−0.042×84×1.05= −3.70	(−0.0192−0.0375−0.0288+0.052+0.175+0.052−0.0288−0.0375−0.0192)×84×1.05= 0.108×84×1.05= 9.53	(0.7488+0.4+0.1232−0.064−0.075−0.032+0.0192+0.025+0.0128)×10×1.05= 1.158×10×1.05= 12.16	(−0.2512−0.6−0.8768−0.064−0.075−0.032+0.0192+0.025+0.0128)×10×1.05=−0.842×10×1.05=−19.34	(0.064+0.125+0.096+0.832+0.5+0.168−0.096−0.125−0.064)×10×1.05=1.5×10×1.05 =15.75
(−0.0512− 0.0768+0.0192+0.0128)×672×1.20=−0.096×672×1.20 = −77.41	(−0.0384−0.0576)×672×1.20=−0.096×672×1.20 =−77.41	(−0.0192−0.0288−0.0288−0.0192)×672×1.20 =−0.096×672×1.20=−77.41	(0.7488+0.1232+0.0192+0.0128)×80×1.20=0.904×80×1.20 =86.78	(−0.2512−0.8768+0.0192 +0.0128)×80×1.20= −1.096×80×1.20=−105.22	(0.064+0.096−0.096−0.064)×80×1.20 = 0×80×1.20 = 0
(−0.064−0.032)×672×1.20 = −0.096×672×1.20 =−77.41	(0.1024+0.0016)×672×1.20=0.104×672×1.20 = 83.87	(0.052+0.052)×672×1.20 =0.104×672×1.20 = 83.87	(−0.064−0.032)×80×1.20=−0.096×80×1.20=−9.22	(−0.064−0.032)×80×1.20 = −0.096×80×1.20=−9.22	(0.832+0.168)×80×1.20 = 1×80×1.20 = 96.00
(−0.0512−0.0768−0.064−0.032)×672×1.20 = −0.224×672×1.20 =−180.63	(−0.0384−0.0576+0.1024+0.0016)×672×1.20 = 0.008×672×1.20= 6.45	(−0.0192−0.0288+0.052+ 0.052)×672×1.20=0.056×672×1.20 = 45.16	(0.7488+0.1232−0.064 −0.032)×80×1.20=0.776×80×1.20 =74.50	(−0.2512−0.8768−0.064−0.032)×80×1.20 =−1.224×80×1.20=−117.50	(0.064+0.096+0.832+0.168)×80×1.20=1.16×80×1.20 = 111.36
(1)+(2) M_{max}=−107.57 (1)+(4) M_{min}=−210.79	(1)+(3) M_{max}=80.17 (1)+(2) M_{min}=−81.11	(1)+(3) M_{max}=93.40 (1)+(2) M_{min}=−67.88	(1)+(2) V_{max}= 98.94 (1)+(3) V_{min}= 2.94	(1)+(3) V_{max}=−28.56 (1)+(4) V_{min}=−136.84	(1)+(4) V_{max}= 127.11 (1)+(2) V_{min}= 15.75

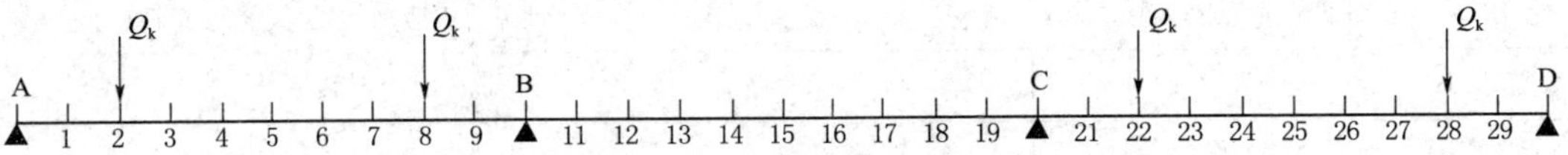

图 2-5　荷载计算图式

2. 均布荷载作用下的内力计算

在均布永久荷载和均布可变荷载作用下的最大与最小弯矩值，可利用承受均布荷载的等跨连续梁各截面最大及最小弯矩计算系数表计算。为了与集中荷载作用下的弯矩值组合，在此只计算相应截面的弯矩值。

$$M_{max}=1.05\alpha g_k l_0^2+1.20\alpha_1 q_k l_0^2, M_{min}=1.05\alpha g_k l_0^2+1.20\alpha_2 q_k l_0^2$$

$$g_k l_0^2=6.46\times 8.4^2=455.82\text{kN}\cdot\text{m}, q_k l_0^2=3.0\times 8.4^2=211.68\text{kN}\cdot\text{m}$$

在均布荷载作用下的最大与最小剪力可利用下式计算。

$$V=1.05\beta g_k l_n+1.20\beta_1 q_k l_n$$

$$g_k l_n=6.46\times 8=51.68\text{kN},\ q_k l_n=3.0\times 8=24\text{kN}$$

计算结果见表 2-2、表 2-3。

表 2-2　　**均布荷载作用下的弯矩计算表**

截面	系数			弯矩设计值/(kN·m)			最大与最小弯矩设计值/(kN·m)	
	α	α_1	α_2	$1.05\alpha g_k l_0^2$	$1.20\alpha_1 q_k l_0^2$	$1.20\alpha_2 q_k l_0^2$	M_{max}	M_{min}
2	060	0.070	−0.010	28.72	17.78	−2.54	46.50	26.18
5	0.075	0.100	−0.025	35.90	25.40	−6.35	61.30	29.55
8	0	0.0402	−0.0402	0	10.21	−10.21	10.21	−10.21
B	−0.100	0.0167	−0.1167	−47.86	4.24	−29.64	−43.62	−77.50
12	−0.020	0.030	−0.050	−9.57	7.62	−12.70	−1.95	−22.27
15	0.025	0.075	−0.050	11.97	19.05	−12.70	31.02	−0.73

表 2-3　　**均布荷载作用下的剪力计算表**

项次	荷　载　简　图	剪　力/kN		
		V_A	V_B^l	V_B^r
1	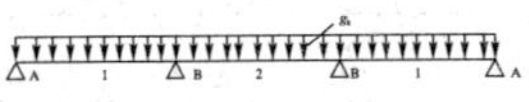	0.4×51.68×1.05 = 21.71	−0.6×51.68×1.05 =−32.56	0.5×51.68×1.05 = 27.13
2	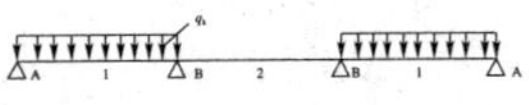	0.45×24×1.20 = 12.96	−0.55×24×1.20 =−15.84	0×24×1.20 = 0
3	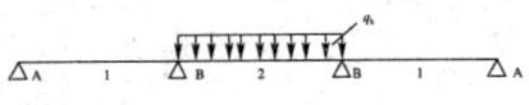	−0.05×24×1.20 =−1.44	−0.05×24×1.20 =−1.44	0.5×24×1.20 = 14.40
4	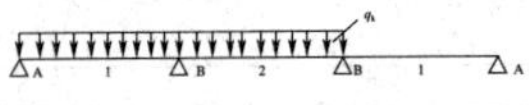	0.383×24×1.20 = 11.03	−0.617×24×1.20 =−17.77	0.583×24×1.20 =16.79

续表

项次	荷载简图	剪力/kN		
		V_A	V_B^l	V_B^r
5	最大剪力设计值	(1) + (2) $V_{max}=34.67$	(1) + (3) $V_{max}=-34.00$	(1) + (4) $V_{max}=43.92$
	最小剪力设计值	(1) + (3) $V_{min}=20.27$	(1) + (4) $V_{min}=-50.33$	(1) + (2) $V_{min}=27.13$

3. 最不利内力组合

各截面的最不利内力，是由集中荷载和均布荷载产生的最不利内力相叠加而得。计算结果见表 2-4。

表 2-4　最不利内力设计值组合

截面		计算截面的弯矩值/(kN·m)						支座截面剪力设计值/kN		
		2	5	8	B	12	15	V_A	V_B^l	V_B^r
集中荷载产生	最大值	166.23	147.18	101.68	−107.57	80.17	93.40	98.94	−28.56	127.11
	最小值	4.95	−14.10	−59.60	−210.79	−81.11	−67.88	2.94	−136.84	15.75
均布荷载产生	最大值	46.50	61.30	10.21	−43.62	−1.95	31.02	34.67	−34.00	43.92
	最小值	26.18	29.55	−10.21	−77.50	−22.27	−0.73	20.27	−50.33	27.13
总最不利内力	最大值	212.73	208.48	111.89	−151.19	78.22	124.42	133.61	−62.56	171.03
	最小值	31.13	15.45	−69.81	−288.29	−103.38	−68.61	23.21	−187.17	42.88

弯矩包络图可根据表 2-2 截面的最大、最小弯矩设计值坐标点绘制而得；剪力包络图可根据表 2-3 的支座截面最大、最小剪力设计值，按作用相应荷载的简支梁计算出各截面的剪力设计值而绘得。

支座 B 边缘弯矩：

$$M_B=|M_{Bmax}|-0.025l_n|V_B^r|=288.29-0.025\times8\times171.03=254.08\text{kN}\cdot\text{m}$$

（二）配筋计算

1. 正截面承载力计算

连续梁跨中截面为 T 形截面，计算翼缘宽度为 750mm；支座截面承受负弯矩，按矩形截面计算。

混凝土强度等级采用 C25，材料强度设计值 $f_c=11.9\text{N/mm}^2$，$f_t=1.27\text{N/mm}^2$；纵筋采用 HRB400 级钢筋，$f_y=360\text{N/mm}^2$；箍筋用 HPB300 级钢筋，$f_{yv}=270\ \text{N/mm}^2$。

建筑物级别为 3 级，承载力安全系数 $K=1.20$。

该梁处于露天环境，取 $c=40$mm，则 $a_s=50$mm（一层），$a_s=80$mm（两层）。

三跨连续梁正截面承载力计算见表 2-5。

表 2－5　　三跨连续梁正截面承载力计算

截　面	边跨中	中间支座 B	中跨中	
$M/(\mathrm{kN\cdot m})$	212.73	－254.08	124.42	－68.61
b'_f或b/mm	750	250	750	250
h_0/mm	650	620	650	650
$f_c b'_f h'_f(h_0-h'_f/2)/(\mathrm{kN\cdot m})$	631.9		631.9	
$\alpha_s=\dfrac{KM}{f_c b'_f(或 b)h_0^2}$	0.068	0.267	0.040	0.066
$\xi=1-\sqrt{1-2\alpha_s}$	0.070	0.317	0.041	0.068
$A_s=\xi\dfrac{f_c}{f_y}b'_f(或 b)h_0/\mathrm{mm}^2$	1128	1624	661	365
选配钢筋	2 Φ 20(直) ＋2 Φ 20(弯)	2 Φ 20(直) ＋2 Φ 20(直) ＋2 Φ 20(左弯)	2 Φ 22(直)	2 Φ 20(直)
实配面积/mm^2	1256	1884	760	628
$\rho=A_s/(bh_0)/\%$ $(\rho_{min}=0.15\%)$	0.77	1.20	0.47	0.39

2. 斜截面承载力计算

斜截面承载力计算见表 2－6。

表 2－6　　三跨连续梁斜截面承载力计算

截面	支座 A	支座 B（左）	支座 B（右）
V/kN	133.61	－187.17	171.03
KV/kN	160.33	224.60	205.24
h_0/mm	650	620	620
$0.25f_c bh_0$/kN	$483.44>KV$	$461.13>KV$	$461.13>KV$
$V_c=0.7f_t bh_0$/kN	$144.46<KV$	$137.80<KV$	$137.80<KV$
选配箍筋肢数、直径	2、8	2、8	2、8
$s=\dfrac{1.25f_{yv}A_{sv}h_0}{KV-0.7f_t bh_0}$/mm	1391	243	312
实配箍筋间距 s/mm	200	200	250
$\rho_{sv}=A_{sv}/(bs)/\%$ $(\rho_{min}=0.15\%)$	0.20	0.20	0.16
$V_{cs}=0.7f_t bh_0+1.25f_{yv}\dfrac{A_{sv}}{s}h_0$	254.81	243.05	222.00

3. 绘制配筋图

三跨连续梁配筋图如图 2－6 所示。

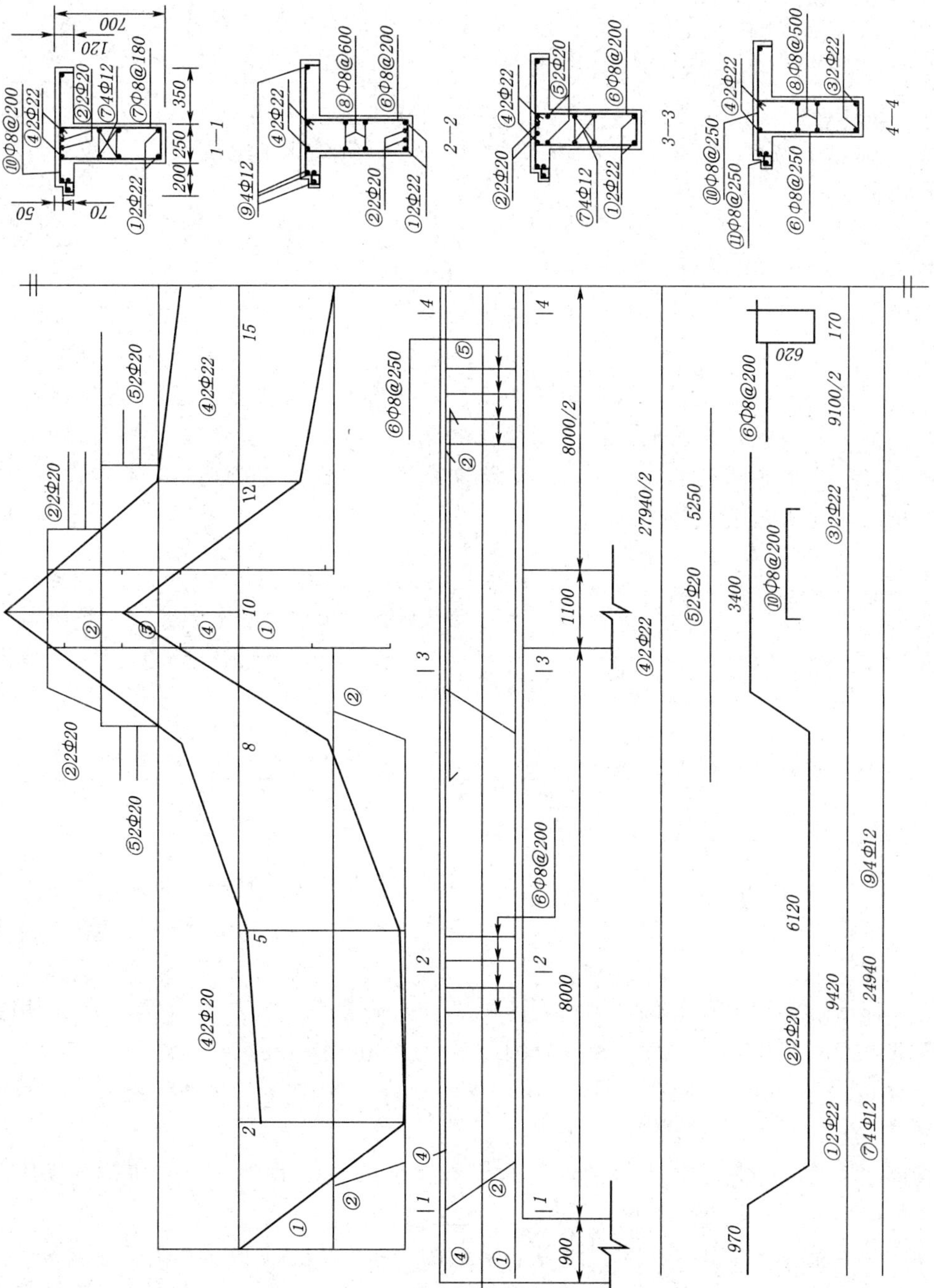

图 2-6　三跨连续 T 形梁配筋图

三、引导问题

引导问题1：三跨连续T形梁上作用的荷载有永久荷载和可变荷载。

永久荷载是____。

可变荷载是____。

引导问题2：三跨连续T形梁上作用的荷载有均布荷载和集中荷载。

均布荷载是____。

集中荷载是____。

引导问题3：最不利荷载组合。

作用于梁上的荷载有永久荷载和可变荷载。永久荷载的作用位置是不变的，而可变荷载的作用位置则是变化的。为了求得连续梁各截面可能发生的最大弯矩和最大剪力，必须确定其对应的可变荷载的位置。可变荷载的相应布置与永久荷载组合起来，会在某一截面上产生最大内力，这就是该截面的最不利荷载组合。

根据连续梁内力影响线的变化规律，多跨连续梁最不利可变荷载的布置方式为

(1) 求某跨跨内最大正弯矩时，____。

(2) 求某跨跨中最小弯矩时，____。

(3) 求某支座截面的最大负弯矩（绝对值）时，____。

(4) 求某支座截面的最大剪力时，____。

引导问题4：内力包络图。

内力包络图是各截面内力______值的连线所构成的图形，用来反映连续梁各个截面上变化范围的图形称为弯矩包络图；用来反映连续梁各个截面上剪力变化范围的图形称为________包络图。

引导问题5：三跨连续T形梁上作用的集中可变荷载是__________ Q_k，Q_k 作用在梁跨度的五分点上。集中永久荷载（机墩及绳鼓重）G_{k1} 也作用在梁跨度的五分点上，减速箱及电机重 G_{k2} 作用在梁跨度的________。永久荷载只有________种作用方式，可变荷载则要考虑______________不利作用方式。

引导问题6：移动的集中荷载作用下的等跨连续梁各截面弯矩及支座截面剪力计算方法。

移动的集中荷载作用下的等跨连续梁各截面的弯矩系数及支座截面剪力系数表，是将连续梁的每跨分为十等份。为了计算简单，只计算2、5、8、B、12、15这六个截面的内力。例如当两个边跨有启门力 Q_k 作用，中间跨没有启门力作用时，荷载计算简图如图2-10所示。要计算截面5的弯矩值，则从表中查得：Q_k 作用在位置2时，$\alpha_{5,2}=0.1498$；Q_k 作用在位置8时，$\alpha_{5,8}=$________；Q_k 作用在位置22时，$\alpha_{5,22}=$________；

Q 作用在位置 28 时，$\alpha_{5,28}=$________，故 $\alpha_5=$________。因此，在这种荷载图式作用下，截面 5 的弯矩 $M=1.20\alpha_5 Q_k l_0=$________________________________kN·m。

引导问题 7： 均布荷载作用下的弯矩计算。

在均布永久荷载和均布可变荷载作用下的最大与最小弯矩值，可利用承受均布荷载的等跨连续梁各截面____________弯矩计算系数表计算。为了与集中荷载作用下的弯矩值组合，只计算________截面的弯矩值。

引导问题 8： 最不利内力组合。

各截面的最不利内力，是由集中荷载和均布荷载产生的____________相叠加而得。

引导问题 9： B 支座边缘弯矩计算。

当连续梁与支座整体浇筑时，在支座范围内的截面高度很大，梁在支座范围内破坏是不可能的，故其最危险的截面是支座________处。因此，可取支座边缘处的弯矩 M 作为________计算的依据。支座边缘截面弯矩的绝对值可近似按下式计算：$M=|M_B|-0.5b|V_B^r|$，b 为支座宽度（m），当支承宽度较大时［即 $b>0.05l_n$（梁）］，取 $b=0.05l_n$（梁）。

引导问题 10： 结果施工图内容。

钢筋混凝土结构施工图内容包括：________________________________。

引导问题 11： 结构施工图识读。

在三跨连续 T 形梁结构施工图 2-6 中。

①号钢筋是________________________________钢筋。

②号钢筋是________________________________钢筋。

③号钢筋是________________________________钢筋。

④号钢筋是________________________________钢筋。

⑤号钢筋是________________________________钢筋。

⑥号钢筋是________________________________钢筋。

⑦号钢筋是________________________________钢筋。

⑧号钢筋是________________________________钢筋。

⑨号钢筋是________________________________钢筋。

⑩号钢筋是________________________________钢筋。

引导问题 12： 钢筋长度计算。

在三跨连续 T 形梁结构施工图 2-6 中。

①号钢筋长度计算：________________________________。

②号钢筋长度计算：________________________________。

③号钢筋长度计算：________________________________。

④号钢筋长度计算：________________________________。

⑥号钢筋长度计算：________________________________。

⑦号钢筋长度计算：________________________________。

⑧号钢筋长度计算：________________________________。

⑩号钢筋长度计算：________________________________。

工作项目三　渡槽结构设计

渡槽三维钢筋骨架如图3－1所示。

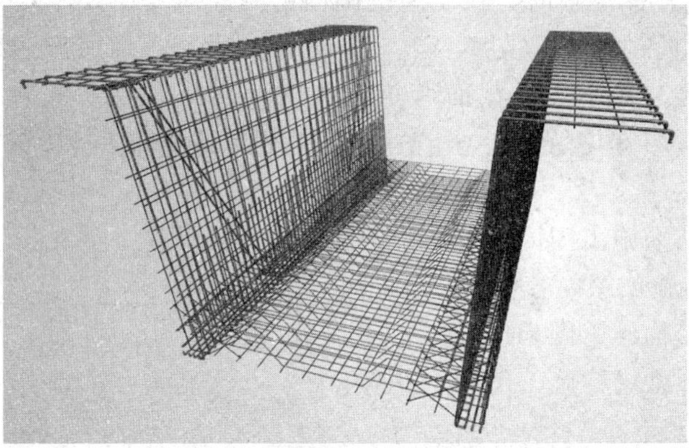

图3－1　渡槽三维钢筋骨架

一、基本资料

某灌溉渠道上有一钢筋混凝土排架式渡槽，属3级水工建筑物。渡槽排架为单层门形刚架，立柱高度为4.5m，立柱基础采用条形基础；渡槽槽身为等跨简支矩形槽，跨长$l=6(7、8、9、10\cdots)$m，槽内净尺寸$B_n\times H_n=4.0\text{m}\times3.0\text{m}$(3.0m×2.0m、2.5m×1.5m、2.0m×1.5m、1.5m×1.0m…)，设计水深$H_1=2.5$(1.8、1.3、1.3、0.8…)m，最大水深$H_2=3.0$(2.0、1.5、1.5、1.0…)m；槽顶外侧设1m宽人行桥，人行道外侧设0.9m高栏杆。为减小应力集中，在槽身内转角处及排架立柱与横梁连接处加设补角（设计时忽略其影响），结构布置图如图3－2所示。

荷载标准值：钢筋混凝土重度$\gamma_{混凝土}=25\text{kN/m}^3$，水的重度$\gamma_{水}=10\ \text{kN/m}^3$，栏杆自重$g_{1k}=0.5\ \text{kN/m}^2$（折算均布荷载），人群荷载$q_{1k}=2.5(2.4、2.3、2.2\cdots)\text{kN/m}^2$。

选用C25混凝土，受力钢筋采用HRB400级，其他钢筋采用HPB300级。

使用要求：

（1）槽身横向临水面和纵向进行抗裂验算。

（2）槽身纵向挠度允许值：$f_{lim}=l_0/500$。

设计内容：

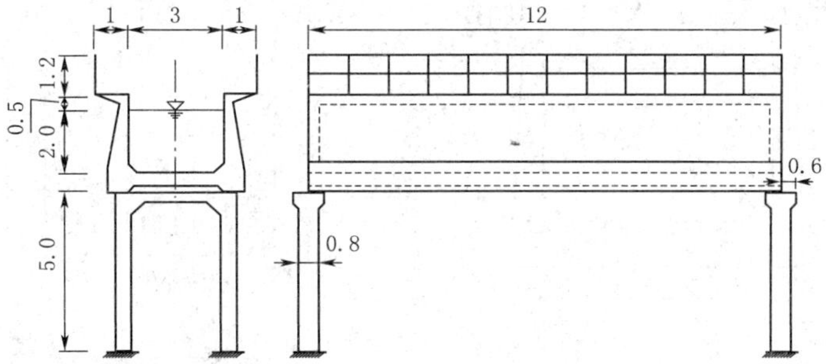

图 3-2　渡槽结构布置（单位：m）

（1）对渡槽槽身进行横向结构计算，按照强度、裂缝以及构造要求配筋。

（2）对渡槽槽身进行纵向结构计算，按照强度、裂缝、挠度以及构造要求配筋。

（3）绘制槽身配筋图，并编制钢筋表。

二、设计案例

某灌溉渠道上有一钢筋混凝土排架式渡槽，属 3 级水工建筑物。渡槽排架为单层门形刚架，立柱高度为 5.0m，立柱基础采用条形基础；渡槽槽身为等跨简支矩形槽，跨长 $l=12$m，槽内净尺寸 $B_n \times H_n = 3.0\text{m} \times 2.5\text{m}$，设计水深 $H_1=2.0$m，最大水深 $H_2=2.5$m；槽顶外侧设 1m 宽人行桥，人行道外侧设 1.2m 高栏杆。为减小应力集中，在槽身内转角处及排架立柱与横梁连接处加设补角（设计时忽略其影响），结构布置如图 3-3 所示。

荷载：钢筋混凝土重度 $\gamma_{混凝土}=25\text{kN/m}^3$，水的重度 $\gamma_{水}=10\text{kN/m}^3$，栏杆自重 $g_{1k}=0.5\ \text{kN/m}^2$（折算均布荷载），人群荷载 $q_{1k}=2.0\ \text{kN/m}^2$。

材料：选用 C30 混凝土，受力钢筋采用 HRB400 级，箍筋和分布钢筋等采用 HPB300 级。

使用要求：

（1）槽身横向临水面和纵向进行抗裂验算。

（2）槽身纵向挠度限值：$f_{\lim} = l_0/500$。

设计内容：

（1）对渡槽槽身进行横向结构计算，按照强度、抗裂以及构造要求配筋。

（2）对渡槽槽身进行纵向结构计算，按照强度、抗裂、挠度以及构造要求配筋。

（3）绘制槽身配筋图，并编制钢筋表。

（一）渡槽横向结构设计计算

渡槽槽身结构设计包括横向结构设计和纵向结构设计两部分。槽身横向结构设计计算一般沿纵向取单位长度（1m）槽身为计算单元。

槽身横向内力计算，可沿纵向（水流方向）取单位长度槽身作为脱离体进行计算，计算简图如图 3-3 所示。

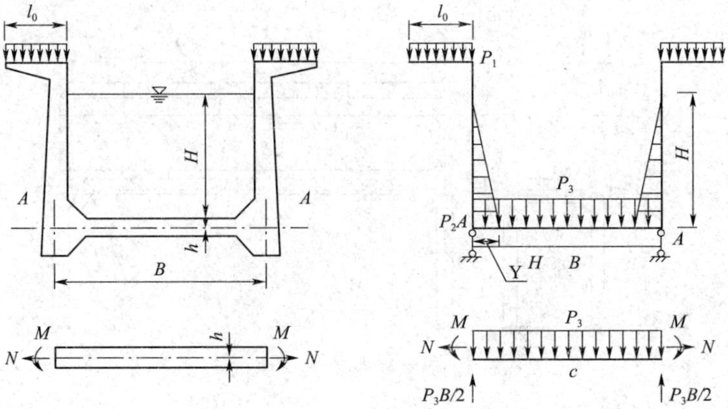

图 3-3　槽身横向计算简图

1. 人行桥设计

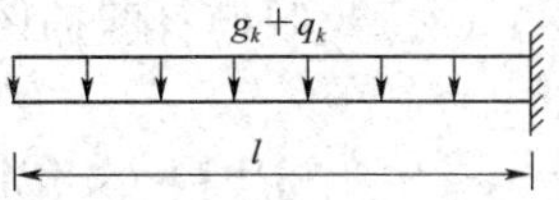

图 3-4　人行桥计算简图

(1) 尺寸拟定：取人行桥板外端厚度为 $h_{外}=80$mm，人行桥板内侧厚度 $h_{内}=100$mm，人行桥板的平均厚度为 $h_{板}=(80+100)/2=90$mm。

(2) 计算简图：计算简图如图 3-4 所示。

(3) 荷载。

栏杆自重标准值：　$g_{1k}=0.5\ \text{kN/m}$

人行桥板自重标准值：　$g_{2k}=\gamma_{混凝土}bh_{板}=25\times1\times0.09=2.25\text{kN/m}$

栏杆自重及人行板自重标准值：　$g_{3k}=g_{1k}+g_{2k}=0.5+2.25=2.75\text{kN/m}$

人群荷载标准值：　$q_{1k}=q_{1k}b=2\times1=2\text{kN/m}$

(4) 内力计算。

计算跨度：$l_0=1.1l_n=1.1\times0.8=0.88$m 或 $l_0=l_n+a/2=0.8+0.2/2=0.9$m，取 $l_0=0.9$m。

弯矩设计值：

$$M_{桥}=1.05g_{3k}l_0^2/2+1.20q_{1k}l_0^2/2=1.05\times2.75\times0.9^2/2+1.20\times2\times0.9^2/2=2.14\ \text{kN}\cdot\text{m}$$

(5) 配筋计算（按单筋矩形截面计算）。

C30 混凝土，$f_c=14.3\text{N/mm}^2$，$f_{tk}=2.01\text{N/mm}^2$，HRB400 级钢筋，$f_y=360\text{N/mm}^2$，$\xi_b=0.550$，取 $a_s=40$mm，$h_0=h-a_s=100-40=60$mm，承载力安全系数 $K=1.20$。

$$\alpha_s=\frac{KM}{f_cbh_0^2}=\frac{1.20\times2.14\times10^6}{14.3\times1000\times60^2}=0.050$$

$$\xi=1-\sqrt{1-2\times\alpha_s}=1-\sqrt{1-2\times0.050}=0.051<0.85\xi_b=0.85\times0.550=0.468$$

$$A_s=\frac{f_cb\xi h_0}{f_y}=\frac{14.3\times1000\times0.051\times60}{360}=122\text{mm}^2$$

$$>\rho_{min}bh_0=0.0015\times1000\times60=90\text{mm}^2$$

受拉钢筋选用⌀ 10@200（实配钢筋面积 $A_s=393\text{mm}^2$），分布钢筋选用⌀ 8@250。

2. 侧墙设计

(1) 尺寸拟定：取侧墙顶部厚度为 $h_上=200mm$（按规范要求，侧墙顶部厚度不小于80mm和侧墙总高的1/30，即：$l/30=2950/30=98mm$）；侧墙底部厚度取 $h_下=300mm$（规范要求不小于150mm）；纵向取单位宽度 $b=1.0m$。

(2) 计算简图。按固接于底板上的悬臂板计算，如图3-5所示。

当侧墙较高时，弯矩 M 变化较大，为了节约材料，取墙底1—1截面及其上 $x=1m$ 处2—2截面来进行计算。

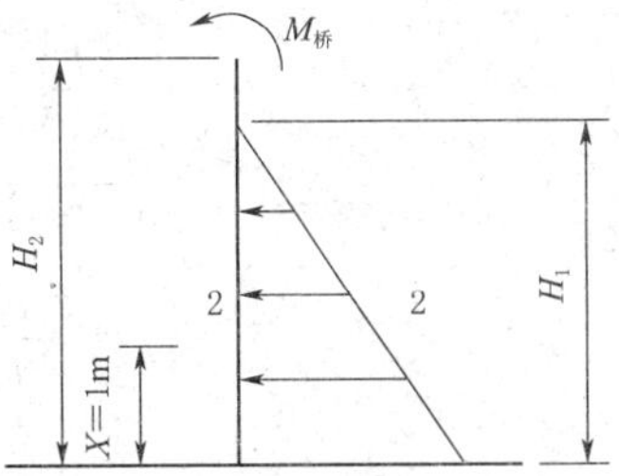

图3-5　侧墙计算简图

(3) 荷载计算（因风荷载所引起的内力较侧向水压力、人群荷载等引起的内力小得多，故这里忽略风荷载的影响）。

侧向水压力：

正常水深标准值：$q_{2k}=\gamma_水 bH_1=10\times1\times2=20kN/m$

满槽水深标准值：　$q_{3k}=\gamma_水 bH_2=10\times1\times2.5=25kN/m$

由上可知人行桥传来的弯矩：　$M_桥=2.14kN\cdot m$

(4) 正截面承载力计算。

1) 1—1截面。

正常水深：

$$M_1=1.20q_{2k}H_1{}^2/6+M_桥=1.20\times20\times2^2/6+2.14=18.14kN\cdot m$$

满槽水深：

$$M_1=1.10q_{3k}H_2{}^2/6+M_桥=1.10\times25\times2.5^2/6+2.14=30.79kN\cdot m$$

取满槽水深时的弯矩进行计算。

2) 2—2截面。

正常水深：

$$M_2=1.20\gamma_水(H_1-x)^3/6+M_桥=1.20\times10\times(2-1)^3/6+2.14=4.14kN\cdot m$$

满槽水深：

$$M_2=1.10\gamma_水(H_2-x)^3/6+M_桥=1.10\times10\times(2.5-1)^3/6+2.14=8.33kN\cdot m$$

取满槽水深时的弯矩进行计算。

3) 1—1截面配筋计算。

取 $a_s=40mm$，$h_0=h-a_s=300-40=260mm$

$$\alpha_s=\frac{KM_1}{f_cbh_0^2}=\frac{1.20\times30.79\times10^6}{14.3\times1000\times260^2}=0.038$$

$$\xi=1-\sqrt{1-2\times\alpha_s}=1-\sqrt{1-2\times0.038}=0.039<0.85\xi_b=0.468$$

$$A_s=\frac{f_cb\xi\zeta_0}{f_y}=\frac{14.3\times1000\times0.039\times260}{360}=403mm^2$$

$$>\rho_{min}bh_0=0.0015\times1000\times260=390mm^2$$

受拉钢筋选用Φ10@100（实配钢筋面积 $A_s=785mm^2$）（内侧受拉），分布钢筋选用Φ8@250。

4）2—2 截面配筋计算：

因侧墙顶部厚度为 200mm，侧墙底部厚度为 300mm，侧墙高度为 2.5m，2—2 截面距底部距离为 1m，可以得出 2—2 截面处的侧墙厚度为 260mm。

$$a_s=40\text{mm}, h_0=h-a_s=260-40=220\text{mm}$$

$$\alpha_s=\frac{KM_2}{f_c bh_0^2}=\frac{1.20\times 8.33\times 10^6}{14.3\times 1000\times 220^2}=0.014$$

$$\xi=1-\sqrt{1-2\times\alpha_s}=1-\sqrt{1-2\times 0.014}=0.014<0.85\xi_b=0.468$$

$$A_s=\frac{f_c b\xi h_0}{f_y}=\frac{14.3\times 1000\times 0.014\times 220}{360}=122\text{mm}^2$$

$$<\rho_{min}bh_0=0.0015\times 1000\times 220=330\text{mm}^2$$

受拉钢筋选用⌀ 10@200（实配钢筋面积 $A_s=393\text{mm}^2$），分布钢筋选用⌀ 8@250。

计算结果见表 3-1。

表 3-1　　侧墙横向配筋计算

截面	厚度 h/mm	弯矩设计值 M/(kN·m)	计算钢筋面积/mm^2	实配钢筋面积/mm^2
1—1	300	30.79	483	⌀ 10@100（$A_s=785$）
2—2	260	8.33	330	⌀ 10@200（$A_s=393$）

（5）抗裂验算。侧墙内侧受拉且处于临水面，应进行抗裂验算。

按荷载标准值计算的弯矩值：

$$M_k=q_{3k}H_2^2/6+(g_{3k}+q_{1k})l_0^2/2=25\times 2.5^2/6+(2.75+2)\times 0.9^2/2$$
$$=26.04+1.92=27.96\text{kN}\cdot\text{m}$$

查表得：混凝土拉应力限制系数 $\alpha_{ct}=0.85$，HRB400 级钢筋的弹性模量 $E_s=2.0\times 10^5\text{N/mm}^2$，C30 混凝土，$f_{tk}=2.01\text{N/mm}^2$，$E_c=3.00\times 10^4\text{N/mm}^2$。

受拉钢筋的配筋率：$\rho=A_s/(bh_0)=785/(1000\times 260)=0.0030$

钢筋与混凝土的弹性模量之比：$\alpha_E=E_s/E_c=2.0\times 10^5/(3.00\times 10^4)=6.67$

$$y_0=(0.5+0.425\alpha_E\rho)h=(0.5+0.425\times 6.67\times 0.0030)\times 300=152.6\text{mm}$$

$$I_0=(0.0833+0.19\alpha_E\rho)bh^3=(0.0833+0.19\times 6.67\times 0.0030)\times$$
$$1000\times 300^3=2.35\times 10^9\text{mm}^4$$

$$W_0=I_0/(h-y_0)=2.35\times 10^9/(300-152.6)=1.59\times 10^7\text{mm}^3$$

$$M_k=27.96\text{ kN}\cdot\text{m}<\gamma_m\alpha_{ct}f_{tk}W_0=1.55\times 0.85\times 2.01\times 1.59\times 10^7=42.11\text{kN}\cdot\text{m}$$

满足抗裂要求。

3. 底板设计

底板为一偏心受拉构件，应按下列两种情况进行配筋计算：

情况 1：两端最大负弯矩（绝对值）及相应的拉力 N。底板两端最大负弯矩发生在最大水深（$H_2=2.5\text{m}$）且人行桥上有人群荷载时。

情况 2：跨中最大正弯矩及相应的拉力 N。跨中最大正弯矩发生在水深为槽宽（槽宽取底板计算跨度，底板计算跨度为槽内净宽加侧墙底部厚度）的一半，即 $H_3=B/2=$

3.3/2=1.65m，且人行桥上无人群荷载时。

（1）尺寸拟定。底板厚度应为侧墙厚度的（2/3～1）倍，取底板厚度 $h=300\text{mm}$，宽度取单位宽度 $b=1000\text{mm}$。

（2）计算简图。底板计算简图如图 3-6 所示，图中，$B=l_n+a=3+0.3=3.3\text{m}$。

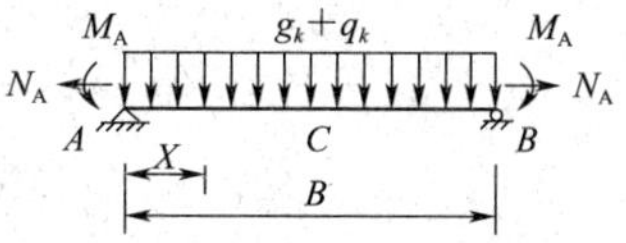

图 3-6　底板计算简图

（3）内力计算和配筋计算。

支座截面内力设计值：

$$N_A=1.10q_{3k}H_2/2=1.10\times25\times2.5/2=34.38\text{ kN}$$

$$M_A=1.10q_{3k}H_2^2/6+M_{桥}+N_Ah/2$$

$$=1.10\times25\times2.5^2/6+2.14+34.38\times0.3/2=28.65+2.14+5.16=35.95\text{ kN}\cdot\text{m}$$

支座截面配筋计算：

取 $a_s=a_s'=40\text{mm}$，$h_0=h-a_s=300-40=260\text{mm}$

$$e_0=M_A/N_A=35.95/34.38=1.05\text{ m}>h/2-a_s=0.3/2-0.04=0.11\text{m}$$

属于大偏心受拉构件。

$$e=e_0-h/2+a_s=1050-300/2+40=940\text{mm}$$

设 $x=0.85\xi_bh_0$，对 HRB400 级钢筋，$\alpha_{s\max}=0.343$，则

$$A_s'=\frac{KNe-\alpha_{s\max}f_cbh_0^2}{f_y'(h_0-a_s')}=\frac{1.20\times34.38\times10^3\times940-0.343\times14.3\times1000\times260^2}{360\times(260-40)}<0$$

取 $A_s'=\rho_{\min}'bh_0=0.0015\times1000\times260=390\text{mm}^2$，受压钢筋选用⌀ 10@200（$A_s'=393\text{mm}^2$），则

$$\alpha_s=\frac{KNe-f_y'A_s'(h_0-a_s')}{f_cbh_0^2}=\frac{1.20\times34.38\times10^3\times940-360\times393\times(260-40)}{14.3\times1000\times260^2}=0.008$$

$$\xi=1-\sqrt{1-2\alpha_s}=1-\sqrt{1-2\times0.008}=0.008$$

$$x=\xi h_0=0.008\times260=2.1\text{mm}<2a_s'=80\text{mm}$$

$$e'=h/2-a_s+e_0=300/2-40+1050=1160\text{mm}$$

$$A_s=\frac{KNe'}{f_y(h_0-a_s')}=\frac{1.20\times34.38\times10^3\times1160}{360\times(260-40)}=604\text{mm}^2$$

$$>0.0015\times1000\times260=390\text{mm}^2$$

受拉钢筋选用⌀ 10@100（实际钢筋面积 $A_s=785\text{mm}^2$）（上表面受拉），分布钢筋选用⌀ 8@250。

跨中截面内力计算：

底板自重标准值　$g_{4k}=\gamma_{混凝土}bh=25\times1\times0.3=7.5\text{kN/m}$

侧向水压力标准值　$q_{4k}=\gamma_{水}bH_3=10\times1\times1.65=16.5\text{kN/m}$

槽内水重标准值　$q_{5k}=\gamma_{水}bH_3=10\times1\times1.65=16.5\text{kN/m}$

跨中内力：

$$N_c=1.20q_{4k}H_3/2=1.20\times16.5\times1.65/2=16.34\text{kN}$$

$$M_c = 1.05g_{4k}B^2/8 + 1.20q_{5k}B^2/8 - 1.20q_{4k}H_3^2/6 - 1.05g_{3k}l_0^2/2$$
$$= 1.05\times7.5\times3.3^2/8 + 1.20\times16.5\times3.3^2/8 - 1.20\times16.5\times1.65^2/6$$
$$-1.05\times2.75\times0.9^2/2$$
$$= 10.72 + 26.95 - 8.98 - 1.17 = 27.52\text{kN}\cdot\text{m}$$

跨中截面配筋计算：

$$e_0 = M_c/N_c = 27.52/16.34 = 1.68\text{m} > h/2 - a_s = 0.3/2 - 0.04 = 0.11\text{m}$$

属于大偏心受拉构件。

$$e = e_0 - h/2 + a_s = 1680 - 300/2 + 40 = 1570\text{mm}$$

$$A_s' = \frac{KNe - \alpha_{smax} f_c b h_0^2}{f_y'(h_0 - a_s')} = \frac{1.20\times16.34\times10^3\times1570 - 0.343\times14.3\times1000\times260^2}{360\times(260-40)} < 0$$

取 $A_s' = \rho_{min} b h_0 = 0.0015\times1000\times260 = 390\text{mm}^2$，受压钢筋选用Φ 10@200（$A_s' = 393\text{mm}^2$）。

$$\alpha_s = \frac{KNe - f_y' A_s'(h_0 - a_s')}{f_c b h_0^2} = \frac{1.20\times16.34\times10^3\times1570 - 360\times393\times(260-40)}{14.3\times1000\times260^2} < 0$$

$$e' = h/2 - a_s + e_0 = 300/2 - 40 + 1680 = 1790\text{mm}$$

$$A_s = \frac{KNe'}{f_y(h_0 - a_s')} = \frac{1.20\times16.34\times10^3\times1790}{360\times(260-40)} = 443\text{mm}^2$$
$$> 0.0015\times1000\times260 = 390\text{mm}^2$$

受拉钢筋选用Φ 10@100（实际钢筋面积 $A_s = 785\text{mm}^2$）（下面受拉），分布钢筋选用Φ 8@250。

计算及配筋结果见表 3-2。

表 3-2　　底板支座与跨中计算钢筋面积和实际配筋面积

截面位置	计算钢筋面积/mm^2		实配钢筋面积/mm^2	
	受拉钢筋	受压钢筋	受拉钢筋	受压钢筋
支座	604（上表面）	<0	Φ 10@100（785）	Φ 10@200（393）
跨中	449（下表面）	<0	10@100（785）	Φ 10@200（393）

（4）抗裂验算。

1）底板支座截面。

取底板支座补角边缘截面（$x = 0.15 + 0.2 = 0.35\text{m}$ 处）作为计算截面，并按满槽水深加人群荷载的组合按下式进行抗裂验算。

$$N_k \leqslant \frac{\gamma_m \alpha_{ct} f_{tk} W_0 A_0}{e_0 A_0 + \gamma_m W_0}$$

混凝土拉应力限制系数 $\alpha_{ct} = 0.85$。

$$A_0 = A_c + \alpha_E A_s + \alpha_E A_s' = 1000\times300 + 6.67\times785 + 6.67\times393 = 3.08\times10^5$$

$$y_0 = \frac{A_c y_c' + \alpha_E A_s h_0 + \alpha_E A_s' a_s'}{A_0}$$
$$= \frac{1000\times300\times150 + 6.67\times785\times260 + 6.67\times393\times40}{3.08\times10^5} = 150.9\text{mm}$$

$$I_0=I_c+A_c(y_0-y_c')^2+\alpha_E A_s(h_0-y_0)^2+\alpha_E A_s'(y_0-a_s')^2$$

$$=1000\times300^3/12+1000\times300(150.9-150)^2+6.67\times785\times(260-150.9)^2$$

$$+6.67\times393\times(150.9-40)^2$$

$$=2.25\times10^9+2.43\times10^5+0.06\times10^9+0.03\times10^9=2.34\times10^9\text{mm}^4$$

$$W_0=I_0/(h-y_0)=2.34\times10^9/(300-150.9)=1.6\times10^7\text{mm}^3$$

底板与侧墙补角边缘到侧墙中心的距离 $x=0.35$m，此截面的轴向力及弯矩为：

$$N_k=q_{3k}H_2/2=25\times2.5/2=31.25\text{kN}$$

$$M_k=\frac{1}{6}q_{3k}H_2^2+\frac{1}{2}(g_{3k}+q_{1k})l_0^2+N_k\frac{h}{2}-\frac{1}{2}(q_{3k}+g_{4k})Bx\left(1-\frac{x}{B}\right)$$

$$=\frac{1}{6}\times25\times2.5^2+\frac{1}{2}\times(2.75+2)\times0.9^2+31.25\times\frac{0.3}{2}-\frac{1}{2}\times(25+7.5)$$

$$\times3.3\times0.35\times\left(1-\frac{0.35}{3.3}\right)=26.04+1.92+4.69-16.78=15.87\text{kN}\cdot\text{m}$$

$e_0=M_k/N_k=15.87/31.25=0.508\text{m}=508\text{mm}>h/2-a_s=300/2-40=110\text{mm}$

属于大偏心受拉构件。

$$N_k=31.25\text{kN}<\frac{\gamma_m\alpha_{ct}f_{tk}A_0W_0}{e_0A_0+\gamma_mW_0}=\frac{1.55\times0.85\times2.01\times3.08\times10^5\times1.6\times10^7}{508\times3.08\times10^5+1.55\times1.6\times10^7}=72.0\text{kN}$$

底板支座临水面满足抗裂要求。

2）底板跨中截面。

跨中的轴向力和弯矩为

$$N_{ck}=q_{4k}H_3/2=16.5\times1.65/2=13.61\text{kN}$$

$$M_{ck}=(g_{4k}+q_{5k})B^2/8-q_{4k}H_3^2/6-g_{3k}l_0^2/2$$

$$=(7.5+16.5)\times3.3^2/8-16.5\times1.65^2/6-2.75\times0.9^2/2$$

$$=32.67-7.49-1.11=24.07\text{kN}\cdot\text{m}$$

$e_0=M_k/N_k=24.07/13.61=1.77\text{m}=1770\text{mm}>h/2-a_s=300/2-40=110\text{mm}$

属于大偏心受拉构件。

$$N_k=13.61\text{kN}<\frac{\gamma_m\alpha_{ct}f_{tk}A_0W_0}{e_0A_0+\gamma_mW_0}=\frac{1.55\times0.85\times2.01\times3.08\times10^5\times1.6\times10^7}{1770\times3.08\times10^5+1.55\times1.6\times10^7}=22.9\text{kN}$$

满足抗裂要求。如果不满足抗裂要求，则需要进行裂缝宽度验算。

（二）槽身纵向结构计算

侧墙作为简支梁，设计时忽略人行桥板截面的影响而按单筋矩形截面计算。

1. 计算简图

渡槽纵向计算简图如图 3-7 所示。

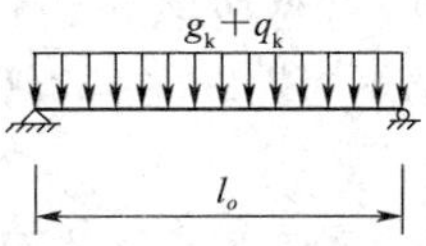

图 3-7 渡槽纵向计算简图

侧墙自重按侧墙平均厚度计算，即 $b=(h_上+h_下)/2=(0.2+0.3)/2=0.25$m

渡槽纵向计算跨度：

渡槽纵向净跨 $l_n=l_c-2a=12-1.2=10.8$m（槽端支座宽 0.6m）

计算跨度　　$l_0=1.05l_n=1.05\times10.8=11.3\text{m}$ 和 $l_0=l_c=12.0\text{m}$

计算跨度取两者的较小值，即 $l_0=11.3\text{m}$。

2. 荷载计算

每个侧墙承受总荷载的一半，荷载计算按如下公式计算。

(1) 永久荷载：

人行道板及栏杆自重标准值

$$g_{5k}=\gamma_{混凝土}h_{板}l_n+g_{1k}l_1=25\times0.09\times0.8+0.5\times1.0=2.30\text{kN/m}$$

侧墙自重标准值

$g_{6k}=\gamma_{混凝土}bH=25\times[0.25\times2.65+(0.2\times0.2+0.15\times0.15)/2]=17.34\text{kN/m}$

底板自重标准值　　$g_{7k}=\gamma_{混凝土}Bh_3/2=25\times3.6\times0.3/2=13.50\text{kN/m}$

(2) 可变荷载：

人群荷载标准值　　$q_{1k}=2\text{kN/m}$

槽内水重标准值　　$q_{6k}=\gamma_{水}B_nH_1/2=10\times3\times2/2=30\text{kN/m}$　（正常水深）

$q_{7k}=\gamma_{水}B_nH_2/2=10\times3\times2.5/2=37.50\text{kN/m}$　（满槽水深）

3. 内力计算

跨中弯矩设计值：

$$\begin{aligned}M&=1.05(g_{5k}+g_{6k}+g_{7k})l_0^2/8+(1.20q_{1k}+1.10q_{7k})l_0^2/8\\&=1.05\times(2.30+17.34+13.50)\times11.3^2/8+(1.20\times2+1.10\times37.50)\times11.3^2/8\\&=555.40+696.71=1252.11\text{kN}\cdot\text{m}\end{aligned}$$

支座边缘剪力设计值：

$$\begin{aligned}V&=1.05(g_{5k}+g_{6k}+g_{7k})l_n/2+(1.20q_{1k}+1.10q_{7k})l_n/2\\&=1.05\times(2.30+17.34+13.50)\times10.8/2+(1.20\times2+1.10\times37.50)\times10.8/2\\&=187.90+235.71=423.61\text{kN}\end{aligned}$$

4. 正截面承载力计算

取 $a_s=100\text{mm}$，$h_0=h-a_s=2950-100=2850\text{mm}$

$$\alpha_s=\frac{KM}{f_cbh_0^2}=\frac{1.20\times1252.11\times10^6}{14.3\times200\times2850^2}=0.065$$

$$\xi=1-\sqrt{1-2\alpha_s}=1-\sqrt{1-2\times0.065}=0.067<0.85\xi_b=0.440$$

$$A_s=\frac{f_cb\xi h_0}{f_y}=\frac{14.3\times200\times0.067\times2850}{360}=1517\text{mm}^2$$

受拉钢筋选用 5 Φ 20（实际钢筋面积为 1570 mm^2）。

5. 斜截面受剪承载力计算

$$\begin{aligned}KV&=1.20\times423.61=508.33\text{kN}<0.7f_tbh_0=0.7\times1.43\times200\times2850=570.6\text{kN}\\&<0.2f_cbh_0=0.2\times14.3\times200\times2850=1630.2\text{kN}\end{aligned}$$

不需要进行斜截面承载力计算。按构造选配单肢箍筋Φ 8@200。

按计算不需要设置弯起钢筋，为安全起见按构造每端弯起 2 Φ 20 的纵筋。

6. 抗裂验算

钢筋的弹性模量 $E_s=2.0\times10^5\text{N/mm}^2$，混凝土的弹性模量 $E_c=3.00\times10^4\text{N/mm}^2$，

按倒T形截面进行验算，如图3-8所示。

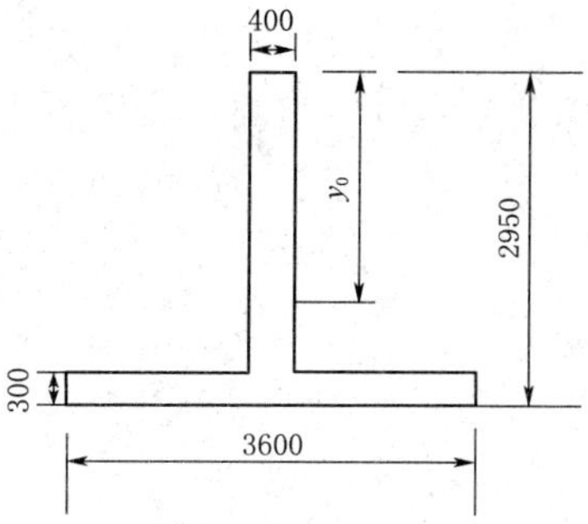

图3-8　抗裂验算截面图（单位：mm）

$\alpha_E=6.67, \rho=A_s/(bh_0)=1570/(200\times2850)=0.0028$

$$A_0=bh+(b_f-b)h_f+\alpha_E A_s=400\times2950+(3600-400)\times300+6.673140=2.16\times10^6\text{mm}^2$$

$$y_0=\frac{\frac{bh^2}{2}+(b_f-b)h_f(h-\frac{h_f}{2})+\alpha_E A_s h_0}{A_0}$$

$$=\frac{\frac{400\times2950^2}{2}+(3600-400)\times300\times\left(2950-\frac{300}{2}\right)+6.67\times3140\times2850}{2.16\times10^6}$$

$$=2077.9\text{mm}$$

$$I_0=\frac{by_0^3}{3}+\frac{b_f(h-y_0)^3}{3}-\frac{(b_f-b)(h-y_0-h_f)^3}{3}+\alpha_E A_s(h_0-y_0)^2$$

$$=\frac{400\times2077.9^3}{3}+\frac{3600\times(2950-2077.9)^3}{3}$$

$$-\frac{(3600-400)(2950-2077.9-300)^3}{3}+6.67\times3140\times(2850-2077.9)^2$$

$$=1.805\times10^{12}\text{mm}^4$$

$$W_0=I_0/(h-y_0)=1.805\times10^{12}/(2950-2077.9)=2.07\times10^9\text{mm}^3$$

对翼缘位于受拉区的倒T形截面，$b_f/b=3600/400=9>2$，$h_f/h=300/2950=0.1<0.2$，查附表得 $\gamma_m=1.40$，根据 h 值的不同应对 γ_m 值进行修正。

$$\gamma_m=\left(0.7+\frac{300}{h}\right)\times1.40=\left(0.7+\frac{300}{2950}\right)\times1.40=1.12$$

侧墙承受荷载标准值产生的弯矩为

$$M_k=2\times(\sum g_{ik}+\sum q_{ik})l_0^2/8=2\times(g_{5k}+g_{6k}+g_{7k}+q_{1k}+q_{7k})]\times l_0{}^2/8$$

$$=2\times(2.30+17.34+13.50+2+37.5)\times11.3^2/8=2318.85\text{kN}\cdot\text{m}$$

$$M_k=2318.85\text{kN}\cdot\text{m}<\gamma_m\alpha_{ct}f_{tk}W_0=1.12\times0.85\times2.01\times2.07\times10^9=3961\text{kN}\cdot\text{m}$$

7. 变形验算

(1) 内力组合。

一个侧墙受到的弯矩为

$$M_k=(\sum g_{ik}+\sum q_{ik})l_0^2/8=(2.30+17.34+13.50+2+37.50)\times11.3^2/8$$

$$=1159.43\text{kN}\cdot\text{m}$$

（2）刚度计算。

钢筋的弹性模量 $E_s=2.0\times10^5\text{N/mm}^2$，混凝土的弹性模量 $E_c=3.00\times10^4\text{N/mm}^2$。

则　　$\alpha_E=6.67,\rho=A_s/(bh_0)=1570/200\times2850=0.0028$

$$I_0=(0.0833+0.19\alpha_E\rho)bh^3=(0.0833+0.19\times6.67\times0.0028)\times200\times2950^3$$
$$=4.45\times10^{11}\text{mm}^4$$
$$B_s=0.85E_cI_0=0.85\times3.00\times10^4\times4.45\times10^{11}=1.13\times10^{16}$$
$$B=0.65B_s=0.65\times1.13\times10^{16}=7.3\times10^{15}$$

（3）挠度计算。

$$f=\frac{5}{48}\times\frac{M_kl_0^2}{B}=\frac{5}{48}\times\frac{1159.43\times10^6\times11300^2}{7.3\times10^{15}}$$
$$=2.1\text{mm}<f_{\lim}=l_0/500=11300/500=22.6\text{mm}$$

挠度满足要求。

8. 正截面承载力复核

（1）计算外荷载产生的设计弯矩 M 图。

计算截面距离侧墙支座的距离为 x，该截面的弯矩为 $M_x=plx(1-x/l)/2$

其中

$$p=1.05\ (g_{5k}+g_{6k}+g_{7k})\ +1.20q_{1k}+1.10q_{7k}$$
$$=1.05\times\ (2.30+17.34+13.50)\ +1.20\times2.0+1.10\times37.5$$
$$=34.80+43.65=78.45\text{kN/m},\ l=11.3\text{m}$$

弯矩计算结果见表 3-3。

表 3-3　　弯矩计算表

x/m	0	1.5	3	4.5	5.65
M_x/(kN·m)	0	576.61	976.70	1200.29	1252.11

（2）跨中正截面承载力复核。

$$M_R=\frac{1}{K}f_yA_s\left(h_0-\frac{f_yA_s}{2f_cb}\right)=\frac{1}{1.20}\times360\times1570\times\left(2850-\frac{360\times1570}{2\times14.3\times200}\right)$$
$$=1295.82\text{kN}\cdot\text{m}>M=1252.11\text{kN}\cdot\text{m}$$

（3）弯起钢筋弯起点位置，$x_1=1.5\text{m}$，即弯起钢筋弯起点到计算跨度原点的距离，到渡槽端部的距离为 $x=1.5+0.33=1.83\text{m}$。

$$M_1=\frac{plx_1}{2}\left(1-\frac{x_1}{l}\right)=\frac{78.45\times11.3\times1.5}{2}\times\left(1-\frac{1.5}{11.3}\right)=576.61\text{kN}\cdot\text{m}$$

$$M_{R1}=\frac{1}{K}f_yA_{s1}\left(h_0-\frac{f_yA_{s1}}{2f_cb}\right)=\frac{1}{1.20}\times360\times942\times\left(2850-\frac{360\times942}{2\times14.3\times200}\right)$$
$$=788.66\text{kN}\cdot\text{m}>M_1=576.61\text{kN}\cdot\text{m}$$

正截面受弯承载力满足要求。

渡槽配筋图如图 3-9 所示。

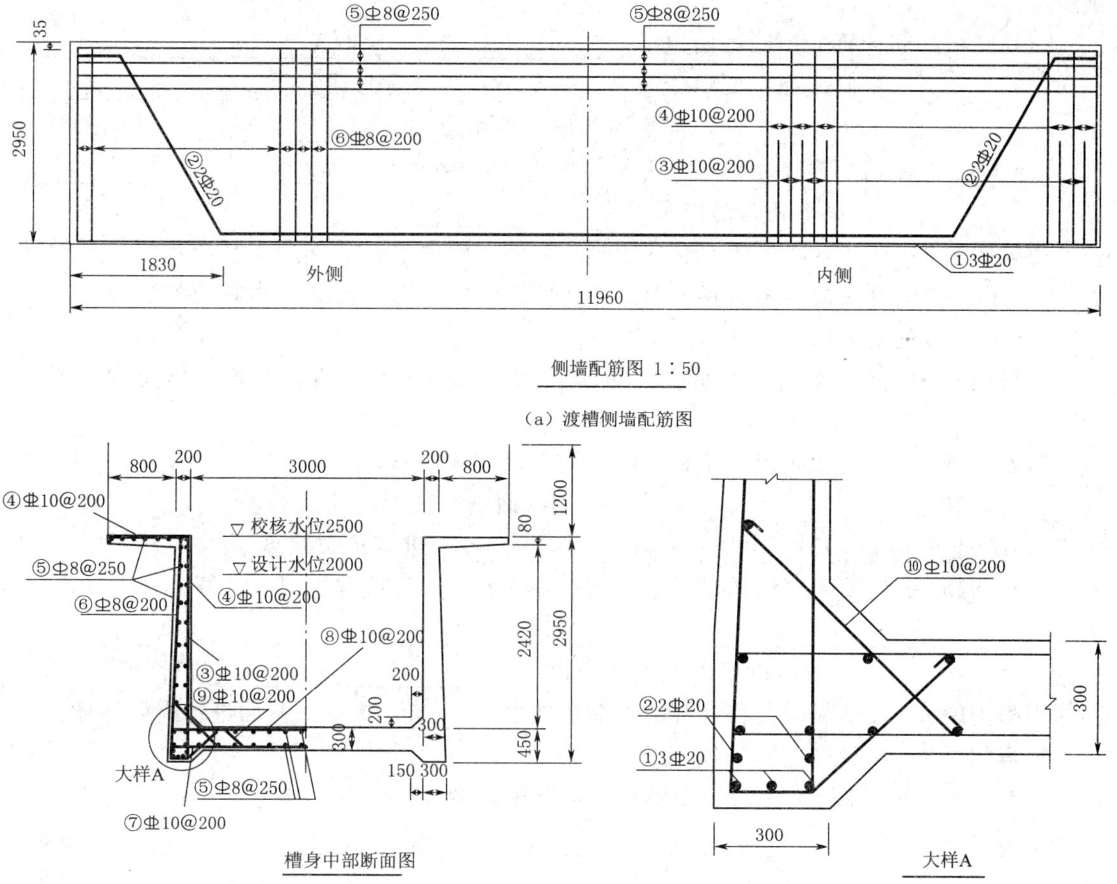

(a) 渡槽侧墙配筋图

(b) 渡槽横截面配筋图

图 3-9 渡槽配筋图（单位：mm）

三、引导问题

引导问题 1：渡槽横向结构设计时，作用的荷载有永久荷载和可变荷载。

永久荷载包括________________。

可变荷载包括________________。

人行桥所承受的荷载包括________________。

侧墙所承受的荷载包括________________。

底板所承受的荷载包括________________。

引导问题 2：渡槽槽身横向结构设计时，各部分所对应的受力构件类型为

人行桥属于________________。

侧墙属于________________。

底板属于________________。

引导问题3：底板配筋计算时需要选取相应的控制截面，每个控制截面有其相应的荷载工况。

（1）底板配筋计算的控制截面包括＿＿＿＿＿＿＿＿＿和＿＿＿＿＿＿＿＿＿＿＿。

（2）＿＿＿＿控制截面主要承受＿＿＿＿弯矩，所承受荷载包括＿＿＿＿＿＿＿＿＿＿＿＿＿＿＿＿＿＿＿＿＿，最不利时槽内水深为＿＿＿＿＿＿＿；

（3）＿＿控制截面主要承受＿＿弯矩，所承受荷载包括＿＿＿＿＿＿＿＿＿＿＿＿＿＿＿＿＿＿＿＿，最不利时槽内水深为＿＿＿＿＿＿＿。

引导问题4：在计算底板所承受弯矩时，侧墙在槽内水荷载作用下承受水平向外的推力 N_A，此力传递给底板但相对底板形心存在偏心作用，因此还会产生相应的弯矩＿＿＿＿＿＿（底板厚度为 h）。

引导问题5：在计算底板所承受弯矩时，由于人行桥、侧墙和底板整体受力，因此＿＿＿＿和＿＿＿＿所承受的弯矩会传递给底板。

引导问题6：侧墙和底板都是临水面，均需要抗裂验算。

（1）侧墙选取＿＿＿＿＿＿＿处作为控制截面进行抗裂验算。

（2）底板选取＿＿＿＿＿＿＿＿和＿＿＿＿＿＿＿进行抗裂验算。

引导问题7：渡槽横向结构设计中，侧墙临水面需进行抗验算时，计算公式中参数 y_0 的含义是＿＿＿＿＿＿＿＿＿＿＿＿＿＿＿＿＿＿＿＿＿＿＿＿＿＿＿＿＿＿＿＿＿＿＿＿，因为＿＿＿＿＿＿＿＿，所以可以按近似公式＿＿＿＿＿＿＿＿＿＿＿＿进行计算。

引导问题8：渡槽纵向结构计算时，侧墙按照＿＿＿＿＿＿＿截面进行配筋计算。

引导问题9：结构施工图识读。

在渡槽侧墙配筋图3-9（a）及渡槽横截面配筋图3-9（b）中

①号钢筋是＿＿＿＿＿＿＿＿＿＿＿＿＿＿＿＿＿＿＿＿＿＿＿＿＿＿＿＿＿＿钢筋。

②号钢筋是＿＿＿＿＿＿＿＿＿＿＿＿＿＿＿＿＿＿＿＿＿＿＿＿＿＿＿＿＿＿钢筋。

③号钢筋是＿＿＿＿＿＿＿＿＿＿＿＿＿＿＿＿＿＿＿＿＿＿＿＿＿＿＿＿＿＿钢筋。

④号钢筋是＿＿＿＿＿＿＿＿＿＿＿＿＿＿＿＿＿＿＿＿＿＿＿＿＿＿＿＿＿＿钢筋。

⑤号钢筋是＿＿＿＿＿＿＿＿＿＿＿＿＿＿＿＿＿＿＿＿＿＿＿＿＿＿＿＿＿＿钢筋。

⑥号钢筋是＿＿＿＿＿＿＿＿＿＿＿＿＿＿＿＿＿＿＿＿＿＿＿＿＿＿＿＿＿＿钢筋。

⑦号钢筋是＿＿＿＿＿＿＿＿＿＿＿＿＿＿＿＿＿＿＿＿＿＿＿＿＿＿＿＿＿＿钢筋。

⑧号钢筋是＿＿＿＿＿＿＿＿＿＿＿＿＿＿＿＿＿＿＿＿＿＿＿＿＿＿＿＿＿＿钢筋。

⑨号钢筋是＿＿＿＿＿＿＿＿＿＿＿＿＿＿＿＿＿＿＿＿＿＿＿＿＿＿＿＿＿＿钢筋。

⑩号钢筋是＿＿＿＿＿＿＿＿＿＿＿＿＿＿＿＿＿＿＿＿＿＿＿＿＿＿＿＿＿＿钢筋。

引导问题10：钢筋长度计算。

在渡槽侧墙配筋图3-9（a）及渡槽横截面配筋图3-9（b）中

①号钢筋长度计算：＿＿＿＿＿＿＿＿＿＿＿＿＿＿＿＿＿＿＿＿＿＿＿＿＿＿。

②号钢筋长度计算：＿＿＿＿＿＿＿＿＿＿＿＿＿＿＿＿＿＿＿＿＿＿＿＿＿＿。

③号钢筋长度计算：＿＿＿＿＿＿＿＿＿＿＿＿＿＿＿＿＿＿＿＿＿＿＿＿＿＿。

④号钢筋长度计算：＿＿＿＿＿＿＿＿＿＿＿＿＿＿＿＿＿＿＿＿＿＿＿＿＿＿。

⑤号钢筋长度计算：＿＿＿＿＿＿＿＿＿＿＿＿＿＿＿＿＿＿＿＿＿＿＿＿＿＿。

⑦号钢筋长度计算：____。

⑨号钢筋长度计算：____。

⑩号钢筋长度计算：____。

项目实操

任选工作项目一～项目三中的一个，根据提供的基本资料，完成以下一、二、三内容。

一、设计计算过程

二、绘制结构施工图

三、考核评价

学生实训任务分组情况见表4-1。

表 4-1　　学生分组情况表

<table>
<tr><td>班级</td><td></td><td>组号</td><td></td><td>指导教师</td><td></td></tr>
<tr><td>组长</td><td></td><td>学号</td><td colspan="3"></td></tr>
<tr><td>组员</td><td colspan="5"><table>
<tr><td>学号</td><td>姓名</td><td>学号</td><td>姓名</td></tr>
<tr><td></td><td></td><td></td><td></td></tr>
<tr><td></td><td></td><td></td><td></td></tr>
<tr><td></td><td></td><td></td><td></td></tr>
<tr><td></td><td></td><td></td><td></td></tr>
<tr><td></td><td></td><td></td><td></td></tr>
<tr><td></td><td></td><td></td><td></td></tr>
<tr><td></td><td></td><td></td><td></td></tr>
<tr><td></td><td></td><td></td><td></td></tr>
</table></td></tr>
</table>

学生实训考核评价见表 4-2。

表 4-2　　学生实训考核评价表

评价组成	成绩	签名
学生自评（30%）		
小组评价（30%）		
教师评价（40%）		
综合评价		

注　自评和小组评价中，“优秀”比例不能超过 30%，“及格”比例不低于 15%。